棲み家は地球

◉近くの畦(あぜ)で大きなカエルを捕まえたタカの一種"サシバ"。自然豊かな里山の上空。千葉県佐倉市畔田の谷津田にて、二〇一三年六月。
撮影＝maruyama
［第5章：多様性の原理▼191ページ］

◉二〇二二年に絶滅危惧IB類に指定された〝ミヤマシジミ〟
栃木県さくら市にて、上がオス、下がメス。撮影＝宮下俊之
［第3章：問題の実態▼105ページ］

◉中央アメリカの熱帯雨林に生息する〝グリーンバシリスク〟猛スピード（毎秒約二メートル）で水面を走行することができる。
［第2章：生態系のしくみ▼083ページ］

◉日本で一番美しいカエルといわれる〝アマミイシカワガエル〟
鹿児島県、奄美大島の固有種、絶滅危惧IB類。撮影＝深澤真梨奈
［第４章：対策と治療▼166ページ］

◉地域の人々の保護活動により徐々に個体数を回復する〝ベッコウトンボ〟
静岡県磐田市の桶ヶ谷沼。一九八七年五月ころ。撮影＝海野和男
［第４章：対策と治療▼171ページ］

◉安定した実りは、野生の〝ハナバチ〟の「種数の効果」なのか。愛知県矢作川下流域にて。
いずれもニッポンヒゲナガハナバチで、上がオス（二〇一〇年四月）、下がメス（二〇一二年五月）。 撮影＝COCO
［第5章：多様性の原理▼178ページ］

◉ジャイアントケルプに包まれて海面に浮かぶ"ラッコ"は
「コンブの森」の守り神。
カリフォルニア州沿岸より。
撮影＝中村庸夫　写真提供＝ボルボックス
［第2章：生態系のしくみ▼066ページ］

◉サンゴに着く藻類を食べて、サンゴ礁の生態系を回復させる〝アカククリ〟
沖縄県慶良間の佐久原魚礁にて。
撮影＝福井 淳
［第5章：多様性の原理▼188ページ］

生物多様性の
しくみを
解く
第六の大量絶滅期の淵から
miyashita tadashi
宮下 直
工作舎

生物多様性のしくみを解く——第六の大量絶滅期の淵から——目次

第2章 生態系のしくみ

第3章 ― 問題の実態

第4章 ― 対策と治療

第5章｜多様性の原理

本文行間の★番号は、巻末の用語解説と対応

生物多様性のしくみを解く

序——人類の出現と病める地球生態系

私たちが暮らす地球は、生命に満ちあふれた世界である。

宇宙で生命がいる星が他にあるのか、まだわかっていないが、地球に生命が棲めるようになったのは奇跡ともいわれている。太陽にもう少し近ければ、金星のように数百℃の灼熱の大地になっていただろうし、もう少し遠ければ、火星のようにマイナス五〇℃の極寒の世界となっていただろう。それに地球には水がたいへん豊富にある。地球表面の七割が海で、「水の惑星」ともよばれている。適度な温度と豊富な水が、私たちを含めた生命を育む母胎となっているのだ。

はるか太古の地球には、細菌のように小さくて作りが単純な生き物しかいなかった。それがいまでは、数千万種ともいわれる多種多様な生き物が暮らしている。だが、生物は常に繁栄の連続だったわけではない。生命の誕生以来、五回の「大量絶滅」[★01]を経験してきた。その最大のものは、古生代の末期に起きた大量絶滅で、なんと九〇パーセント以上の生物の種が絶滅したといわれている。古生代の海で大繁栄した三葉虫もその犠牲になった。恐竜を絶滅させた中生代末期の大量絶滅はそれよりも小規模で、七〇パーセント程度の絶滅だったらしい。巨大隕石の衝突による地球環境の激変がその原因であるとされている。

そして現在は、第六の大量絶滅の時代といわれている。これは、ほかならぬ私たち人間の種々の営みが原因である。こうした「生物多様性の危機」を、自然の摂理とみなして放置するのか、それとも人間の英知を集めて回避するのか、それはすべて私たちの生き方にかかっているし、生き方自体にも影響するに違いない。

私たち人類は、地球上のあらゆる環境に暮らしている。しかし、その歴史は地球の歴史や生物の進化の歴史からすれば、比較にならないほど短い。地球の歴史四六億年を一年にたとえれば、私たちヒト（ホモ・サピエンスの誕生は約一〇万年前）は、大晦日の一一時五〇分になってから現れたにすぎないからだ。これは、たまたま出現が遅かっただけかもしれないが、必然的に遅くなったのかもしれない。生き物としての「先輩」であるさまざまな生物がすでに現れていたからこそ、いまの人類の繁栄が保障されているとも考えられるからだ。

事実、私たちは自然からさまざまな恩恵を受けながら暮らしている。現代社会で暮らしていると、衣食住はすべて自分たち自身でまかなっているという錯覚を起こしやすいが、それは誤りである。水や大気はもちろんのこと、食料も木材も、人間が完全に制御できる工場ですべて造りだすことなどできはしない。米、麦、大豆、トウモロコシ、種々の木材や魚介類など、どれも自然環境がもたらす恵みである。だが、自然はいつも私たちに優しいわけではない。いまでも自然災害や異常気象による不作や飢饉が起き、ときとしてそれが経済摩擦などの国際的な軋轢を引き起こすのである。

❦

私たちが地球に「ひとり」では暮らしていけないことを認識した以上、他のメンバーのことや、メンバー間のかかわりあいを正しく理解しなくてはならない。私たちだけが暴走すれば、必ず他のメンバーに迷惑がかかり、それが巡りめぐって自分に跳ね返ってくるからである。私たちはいま、地球環境やさまざまな生物の大きな脅威になっている。これが俗にいうところの地球環境問題である。その実態を正しく把握し、そのしくみを解き明かすことができれば、私たちに何ができるのか、何をなすべきなのかを考えることができるはずだ。

この考え方は病気の治療と似ている。診断と治療は医療の基本であるが、それを結ぶには発病のメカニズムの理解が必要である。そうでないと、対症療法は可能かもしれないが、根本的な治療や根本的な予防策を打ち立てることは困難である。もちろん、目の前の死にかけている人を救うには対症療法は必要だ。その研究が、病院などで行われている臨床医学に相当する。だが、死にかけるまでに至った原因をきちんと把握できれば、根本的な問題解決に迫ることができるだろう。それに挑んでいるのが、大学や国や民間の研究所であり、基礎医学の分野である。

❦

科学の世界では、よく基礎研究と応用研究という仕分けがされる。一般的に、基礎研究では原理の追及が重要で、問題解決の具体策の提示は必須ではない。一方、応用研究では、現場対応が優先で、一般原理の探求はあまり重要視されない傾向にある。しかし、こうした区分け自体、もはや古い考え方である。治療に役立つ技術の解明が、より深いしくみの解明のためのモティベーションとなることは多々ある。

重度の内臓疾患を治療するには、薬剤の投与や他者からの臓器の移植には限界がある。その克服には、自らの細胞をもとに新たな臓器を再生できれば根本医療への道が開ける。iPS細胞★02を用いた再生医療への道は、まさに現場の問題解決のためのモティベーションが、基礎研究としての分子生物学のレベル向上に大きく貢献した好例である。

本書では、多様な生命に満ちあふれる生態系が、長い時間をかけていかに形成されてきたのか、いまどのような病状にあるのか、その原因は何なのか、そしてその解決にはどのような人間の考え方が必要なのかについて論じていく。その根底に必要なのは、「生態系の病の治療」という応用課題を、基礎科学の視野から問いなおす作業にほかならない。

第1章　共通のルーツ

生命の誕生と地球環境の形成

地球、「生命の星」

地球が太陽系の一惑星として誕生したのは、約四六億年前と推定されている。多数の微惑星とよばれる小さな惑星が何度も繰り返し衝突するうちに、やがて雪だるまのように成長して地球が誕生したとされている。当時の地球環境は、いまとはまったく異なっていた。大気中には、現在の数千倍にものぼる二酸化炭素が含まれていたが、酸素はほとんど存在しなかった。このいわば死の地球で生命が誕生したのは、約三五億年前とされている。ではどのように「無から有」が生まれたのだろうか？

まず重要なのは、最初から地球上には生命を作りだす素材があったということである。だから厳密には「有から新たな有」が生まれた、というべきであろう。その素材とは、地球上に豊富に存在していた二酸化炭素、アンモニア、水などの物質である。それを材料に、タンパク質を構成するアミノ酸や、遺伝子をつくる核酸が、雷や太陽のエネルギーによって合成された。それが何らかのきっかけで、自分を複製する能力をもった原始的な生物を誕生させたのである。

そのころの生命は、地球上にありふれていた硫化水素などを分解し、その際に発生するエネルギー

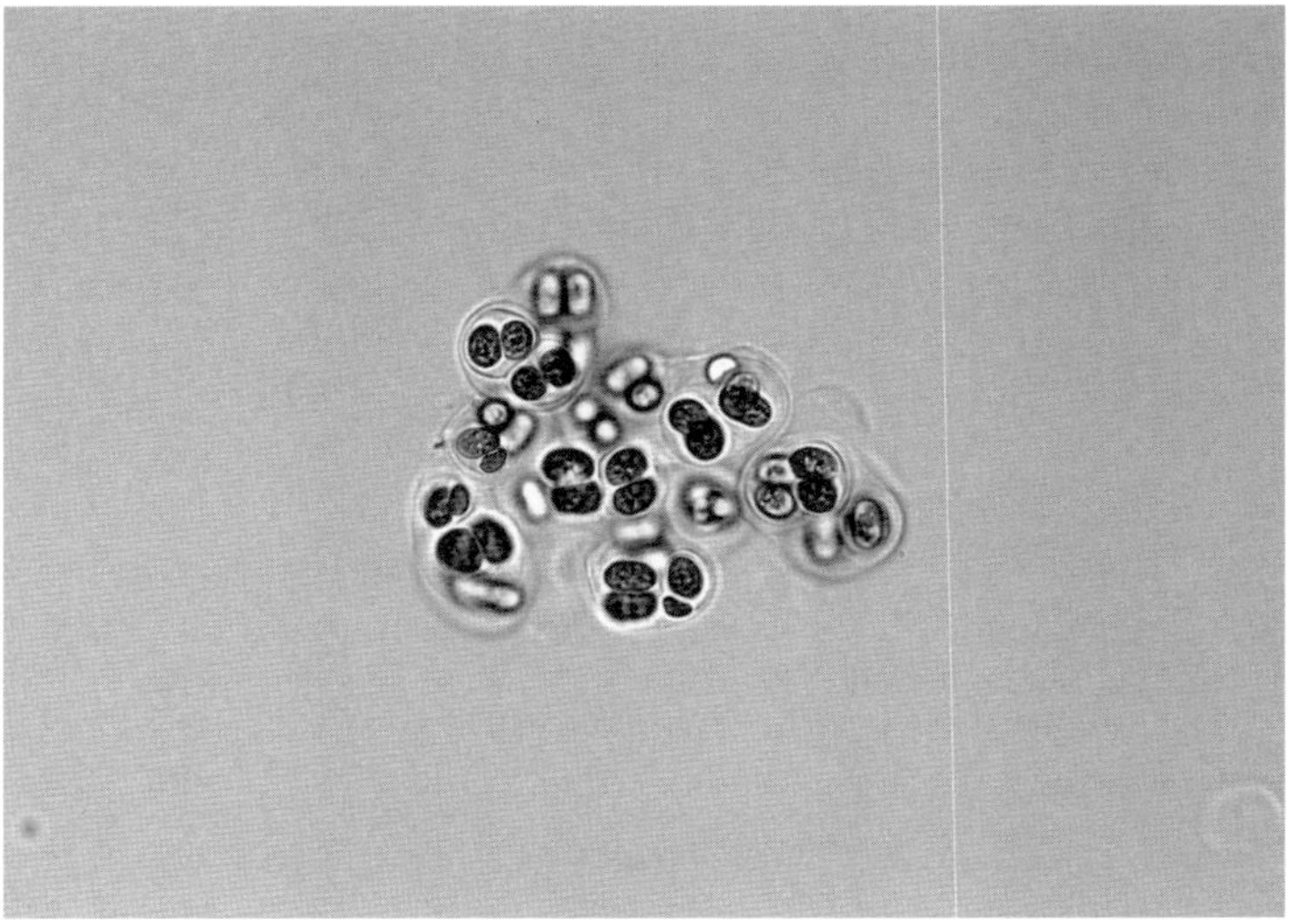

［写真 1−1］▶シアノバクテリアの顕微鏡写真
光合成をするシアノバクテリアの一種 *Gloeothece sp.*（PCC 6501）。およそ30億年前に現れたシアノバクテリアは海中で増加し、徐々に環境を変化させて地球を多様な生命の惑星へと導く。
写真提供＝柏山祐一郎（福井工業大学）

で自分の体（つまり有機物）を作っていたと考えられている。ちなみに、硫化水素は温泉街に漂っている、ゆで卵に似た臭いの正体である。硫化水素を分解する生物は、いまでも深海や温泉地帯に見られる。とくに、水深数千メートルの海底にある「熱水噴出孔」とよばれる場所では、いまだに多量の硫化水素が地球の内部から湧きあがっていて、それを分解して生きている細菌が繁栄している。だが、そうした生き物は地球上の生命体の主役とはいえない。

シアノバクテリア現る

状況を変えるきっかけをつくったのは、ほかでもない生命体そのものであった。その先駆けが三〇億年ほど前に現れた光合成をするバクテリアの一種、シアノバクテリアである［写真1−1］。

光合成は、二酸化炭素と水、そして光エネルギーを用いて、炭水化物と水と酸素を造りだす。私たちも含め大多数の動物は、食物としてこの光合成産物である炭水化物の恩恵に浴している。もちろん、光合成により排出される酸素が、多くの生物にとって必須であることは言うまでもない。生命活動の結果として余った酸素を発生させるという光合成は、その後の生物進化にとって画期的な「発明」であった。だが、化学式から見れば無から有を生み出したわけではない。炭素と酸素と水素という三種類の元素の組み合わせを変えただけの、ちょっとした工夫にすぎなかったともいえる。

光合成といえば、私たちは樹木や草花などを思いうかべる。これら高等植物の光合成は、細胞内にある葉緑体が行っていることは中学校で習うが、葉緑体の起源がシアノバクテリアであることを知る人は少ない。遠い過去のある時に、ある種のシアノバクテリアが別の生物の体内に棲みついたことが、高等植物を生み出し、それが後で述べる地球環境の形成に決定的な影響を与えたのである。

酸素呼吸がエネルギー源へ

人間も含め、酸素呼吸をする生物を好気性生物という。いっぽう、直接目に触れることはないが、酸素を使わない生物も身近にたくさんいる。牛乳からヨーグルトを造る乳酸菌、米から酒を造る酵母菌などは、どれも酸素のほとんどない環境で有機物を分解し、エネルギーを得ている。これが発酵である。発酵のように、酸素を使わずに生命活動を行う生物を嫌気性生物とよんでいる。

好気性生物も嫌気性生物も、ともにグルコースとよばれる糖類を分解してエネルギーを得ている。私たちがご飯を食べて元気になるのと同じように、酵母も糖類を餌にして活動している。ただ、好気性生物は、嫌気性生物に比べて大変有利な特徴をもっている。酸素呼吸では、ある量のグルコースを消費する際に、発酵に比べて一〇倍以上のエネルギーを取り出すことができるのだ。大型の多細胞生物が個体を維持するには、大量のエネルギーが必要である。それら生物の出現には、酸素呼吸こそが必要だったのである。

ところが、よいことばかりではない。酸素は鉄を錆びさせるように、生命体にとっても有害である。

酸化によって発生する活性酸素は、がんや心筋梗塞を誘発する有害な物質としてよく知られている。ベータカロチンやポリフェノールは、活性酸素を無毒化する働きがあるので、摂取が推奨されている。ただ、私たちも含めて酸素呼吸をする生命体は、活性酸素を分解する酵素を備えているので、酸化がただちに生命体を死に導くわけではない。

一方、酸素のない環境に棲む嫌気性細菌ではそうした酵素がなく、酸素は猛毒である。シアノバクテリアによる酸素の放出とそれによる酸素濃度の増加は、それまで繁栄していた嫌気性細菌を、酸素の少ない海底深くに閉じ込めることに成功したともいえる。海中での酸素濃度の高まりは、やがて海水中の酸素濃度を飽和状態にした。つまり、海水が酸素を保持できる能力の限界を超えたのである。海水中に収容できない酸素の行き先は、もちろん大気である。海よりも遅れて酸素が増えてきた陸上では、生命の発展にとってもう一つたいへん重要なことが起きた。大気の上層部で、オゾン層が形成されたのである［図1－1］。

オゾンは酸素原子が三個結合しただけの、ごく単純な物質である。オゾンは、宇宙から強い放射線が降り注ぐオゾン層の上部で形成される。放射線のエネルギーで酸素分子が酸素原子に分解され、これが再び酸素分子と結びつくことでオゾンとなる。

一方、オゾン層の下部ではその逆の反応が起こる。つまり、放射線によりオゾンが分解される過程で、放射線のエネルギーが使われるのだ。これら一連の過程を経て、宇宙から降り注ぐ放射線量が九

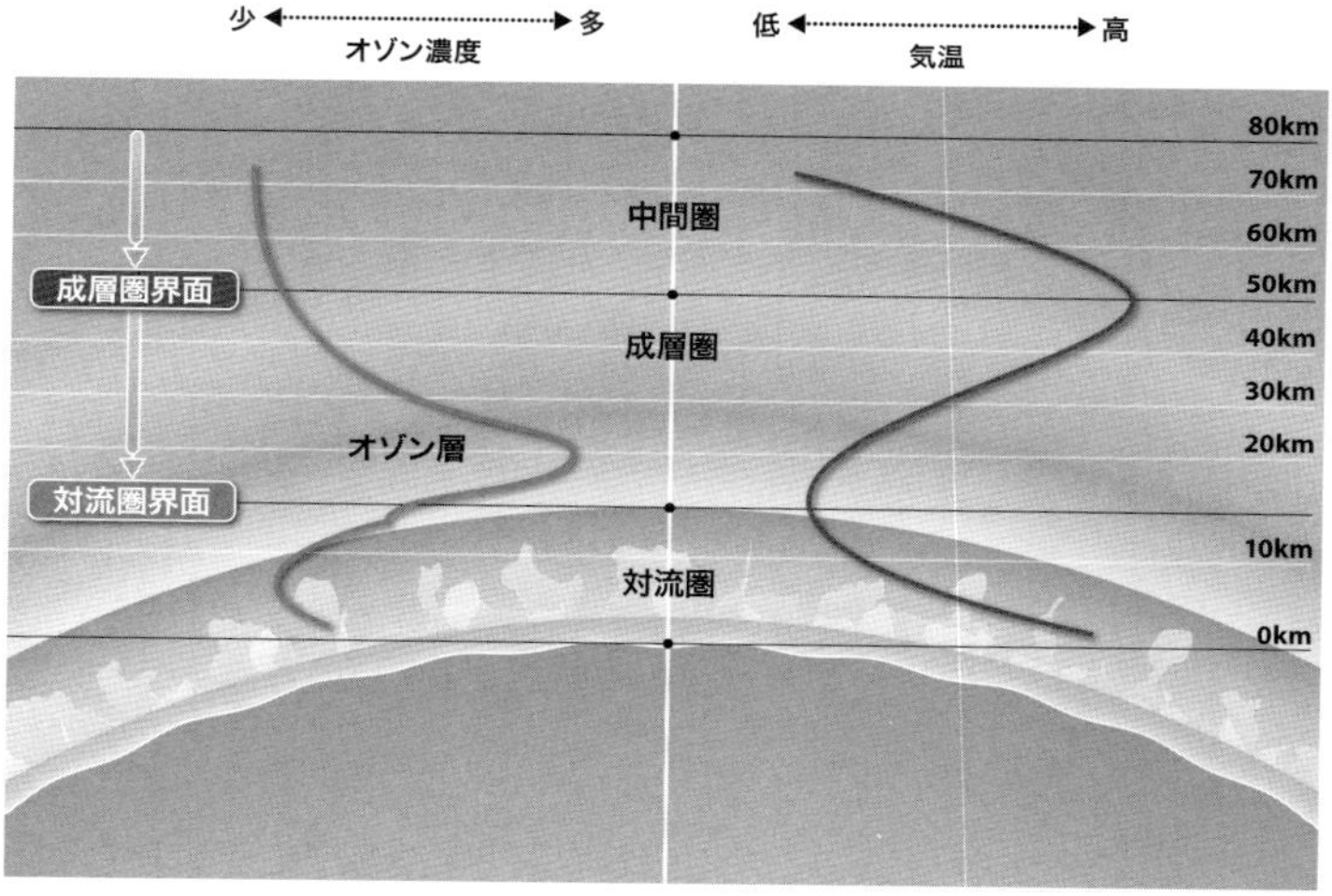

［図1−1］▶オゾン層の分布

大気中のオゾンの90パーセント以上が、地上から高度約10キロメートル以上の成層圏に集まっている。この領域を「オゾン層」とよぶ。なかでもオゾンの密度が高いのは高度約15~30キロメートルの範囲である。

〇パーセント以上も減少する。これが「オゾン層が放射線を吸収する」といわれているしくみである。放射線は、遺伝子を傷つけてがんを誘発することが知られている。海から陸上へ植物や動物が進出できたのは、オゾン層が十分に形成され、陸上に届く放射線量が激減したからと考えられている。もしオゾン層がなければ、陸上はいまだに生き物のいない不毛の地であっただろう。

海から陸への大進出

いまから約四億年前の古生代になると、それまで海に閉じ込められていた生き物たちの上陸が始まった。動物では魚から両生類への進化が目覚ましかった。それは鰓（えら）による呼吸から肺による呼吸への大転換でもあった。鰓は水中に含まれている微量な酸素を濾（こ）しとるように吸収する器官だが、肺は大気中の空気を大量に吸い込んで酸素を効率的に吸収できる。もちろん、私たちもこの肺の恩恵にあずかっている。

動物だけでなく植物も、オゾン層によって放射線の脅威から解放された陸上へと進出した。ただ、水中生活と陸上生活では重力のかかり方がまるで違う。風呂やプールで体が浮き上がるのは、水中で浮力がはたらくからであるが、この浮力のおかげで海藻のような軽い植物でも水中で立体構造を維持することができる。ところが、重力が支配する陸上ではそうはいかない。華奢な構造では重力に対抗して立ち上がることはできないからだ。陸上では、樹木はもちろん、草本でもそれなりに頑丈な茎が発達している。これが植物体を支え、地上数十メートルにも伸びる立体構造を可能にしている。

以上みてきたように、生物は光合成という生命活動によって、地球環境を大きく変えてきた。またその改変は、エネルギーを効率的に得られる酸素呼吸の発達、宇宙から降り注ぐ有害な放射線を遮断するオゾン層の形成、という二つのビッグイベントを通して、生物自身の繁栄の道を開拓したのである。もちろん、シアノバクテリアは、その後の生物の繁栄を意図、あるいは予見して地球環境を変えてきたわけではない。自分自身に有利な生命活動の営みが、あくまでも結果として、その後の生命の繁栄をもたらしたにすぎないのである。「神の見えざる力」のような、怪しげなものは不要である。

次からは、生き物の多様性のあり様を少し丹念に見ていこう。

種の形態と、それぞれのライフスタイル

未発見の種は無尽蔵

私たちは、日々の暮らしで自然界の生き物とはほとんど無縁にすごしている。だが、地球上にさまざまな種類の生き物がいることをよく知っているはずだ。誰でも一度は動物園や水族館に行ったことはあるだろうし、スーパーやデパートの鮮魚や野菜売り場に並んでいる数々の「生き物」(ほとんどは死体ないしはその一部分であるが)を目にしているに違いない。これは、もちろん生命の多様性、ないしは生物多様性のほんの一部を垣間見ているにすぎない。なにしろ、地球上には数百万種の生物が記録されているのだから。しかも、この数字でも地球に棲んでいる全種数の一部である。まだ人間が未発見の種を含めると、その十倍以上、すなわち数千万種のオーダーに及ぶと推測されている。私たちにとってなじみ深い哺乳類や鳥類は、ほとんど発見しつくされているが、昆虫や微生物、あるいは海の無脊椎動物などは、まだいくらでも新種が見つかるはずだ。

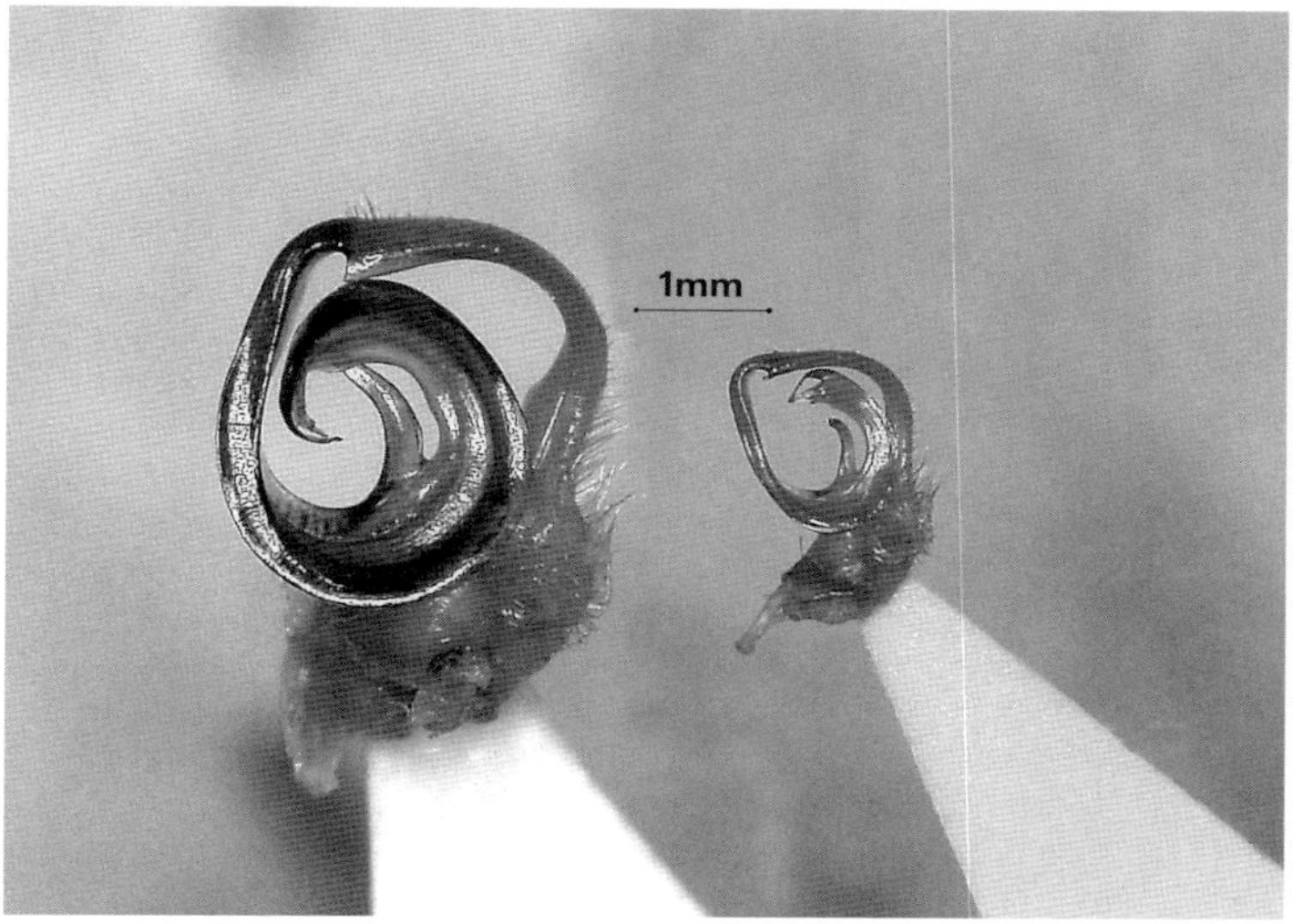

[写真 1-2]▶ババヤスデ類の交尾器
二種のババヤスデ類のオスの交尾器（ペニス）。両種とも同じ場所に棲んでいるが、交尾器のサイズが違うため交配はできない。 撮影＝田辺　力

形態による種の識別

生物は種が違えば、ふつう体の色、形、大きさなどが異なる。大きくて、真っ黒で、くちばしが太い鳥を見れば、多くの人はカラスだと思う。こうした外見を専門用語では「形態」という。

一般の人は、さまざまな日用品を区別するのと同じような感覚で、生物の種を感覚的あるいは直感的に認識している。これは人間に備わった本能的な識別力である。ヒトがチンパンジーと別の種であることを認識できない人はいないだろうし、ノコギリクワガタとコクワガタは、大あごの形に注意すれば子供でも簡単に区別できる。むしろ、子供の方が直感が優れているので、識別力が高いかもしれない。しかし、生物の種の区別はもっとずっと微妙なものもある。たとえば、外見からは区別は不可能で、交尾器の形や脚の毛の本数といった、マニアックな形態が種の識別点になることも珍しくない。毛の本数にはあまり意味はないかもしれないが、交尾器の形は種が種たる由縁ともなる重要な形態だ。

種の違いは、「互いに交配できない集団」と一般に定義されている。オスのペニスがメスの生殖口にうまくフィットしなければ交尾が成立せず、両者の間には子孫はできない。これはすなわち別種であることを意味する。オサムシやヤスデの仲間では、オスのペニスが大きすぎるとメスの生殖器が破壊されることもあり交配は成立しない［写真1－2］。一方でペニスが小さすぎるとメスの卵の受精できる部分に届くことができず、やはり交配は成り立たない。このように、外見ではほとんど区別できなくても、種を特徴づける重要な形態は必ずどこかに存在する。

そもそも種の記載とは、専門家がそのような形態を見つけ出し、新種として記載しているのだから当然である。だが、こうした形態の違いは、生殖にかかわるパーツ、つまり動物であれば交尾器であり、植物であれば花の形態に現れやすい。もちろん単なる偶然ではない。生殖にかかわる形態の不一致こそが、それぞれの種が、種として同一性を保つしくみであるからだ。

クモは「網」を作る

種の違いは、形や色などの形態だけではなく、行動や生活スタイルにも現れる。生物の標本はふつう死体なので、それから行動や生活スタイルを直に見ることはできないが、生きている状態ならば観察可能である。私は、かつてクモ類の行動を研究していたので、その例を紹介しよう。

クモといえば、クモの巣を連想する人は多いだろう。テレビドラマでは、廃屋や天井裏をイメージさせる際に、よくクモの巣が使われる。だがこれは巣というよりも「網(あみ)」が適切な表現である。網はクモが餌を捕るための道具であり、鳥のようにそこで子育てをしたりはしないからである(ただし、ごく一部の種では子育てをする)。私たちはクモについての予備知識があるので、アルコール漬けのクモの標本から網を張るという行動や習性を想像できる。だが、クモは種によって網の形が異なる。クモの標本を見て、そのクモがどんな形の網を作るか想像できる人は、生きているクモを観察したことのある、ごく一部の専門家だけである。クモのように網を作る生物は他にほとんどいない。この独特の習性が、次に紹介する驚くべきライフスタイルを進化させた。

「しなやか」なクモの糸

クモは不思議な生き物である。死体としての標本だけをみれば、よくいる「虫」とたいして変わらないが、生態や行動を調べると驚きの連続である。糸を紡ぎ、精巧な網を作り、それを道具にさまざまな餌を捕る生き物は、他にいないからだ［写真1―3］。

クモの糸は文学にも出てくる。一本の糸が人間を地獄から極楽に引き上げる力があるというのは大げさだが、クモの糸はこの世に存在するあらゆる繊維のなかで最強であるのは事実である。カイコが出す絹糸より強いのはもちろん、化学繊維のケブラーよりも強い。最近、日本のあるベンチャー企業が、クモの糸繊維の量産化に成功したというニュースがあった。自動車のタイヤやバンパー、医療用の人工血管や人工靭帯など、さまざまな用途での研究開発が進行中である。

クモの糸の強さの秘密は、その「しなやかさ」にある。これは伸縮性ないしは弾性ともいえる。キャッチボールで速球をグローブで受ける場面を思い浮かべよう。グローブの位置を動かさずに球を受けると、手のひらに強い衝撃を感じるが、手前に引いて受ければ衝撃はずいぶん緩和される。それと同じ原理で、衝突する物体のエネルギーを糸が吸収する際、糸がしなやかに伸びる（動く）ことで物体から受ける力は減衰する。

［写真1-3］▶クモの腹部から吐出される糸
類まれな伸縮性によって、クモの糸は最強の繊維となりえた。 撮影＝谷川明男

高校の物理で習った、伸びたバネがもつエネルギーの式を思い出してみよう(フックの法則)。

[エネルギー]=1/2×[力]×[伸びた長さ]

糸にぶつかる物体のエネルギーが一定ならば、よく伸びる糸ほど糸にかかる力は弱くて済み、糸への負担は小さくなる。クモの糸は、その比類なき伸縮性によって、最強の繊維となりえたのである。だから、クモは自分の体よりも何倍も大きな餌を捕えることができる。それはクモそのものの力強さではなく、糸の性能の高さによる。私は、体長わずか一センチのクモが、一五センチもあるトカゲを捕える場面に出くわしたことがある。

クモの糸の起源

ではクモの糸は、いつ、どのようにして誕生したのだろうか。化石記録によると、いまから約三億八千年前、恐竜さえも誕生していない古生代の中期に最初のクモが現れたようだ。その当時の糸は、餌を捕えるためではなく、地面に作った巣穴の内壁を補強するためのものだったらしい。

クモの糸はとても不思議な物質のように思えるが、絹糸腺とよばれる「腺」で作られることを考えればさほど特殊ではない。もとは老廃物を捨てる腺か、外骨格を形成するタンパク質を分泌する腺だったと思われる。また、絹糸腺をもつ生物も、カイコの例で知られるように、昆虫では決して珍しいものではない。特殊なのは、糸そのものではなく、強靭で伸縮性に富んだクモの糸の性質である。こうした高性能な糸が進化したのは、中生代のジュラ紀である。この時代は、ハチ、ハエ、カメムシ、バッタなど、いまでは当たり前にみられる多くの昆虫が、劇的に多様化した時代でもある。おそらくクモは、こうした飛翔力の強い昆虫を空中で捕えるために、強靭な糸を進化させたのだろう。昆虫とクモの追いつ追われつの「進化競争」が、現在世界で四万種とも言われるクモの多様性を進化させたのである。

ナゲナワグモのフェロモン

ナゲナワグモという風変わりなクモがいる。このクモは、よく似た近縁の種のように円形の網を作ることはない。なんと一本だけの「投げ縄」で狩をするのである。もちろん、これは死体となったアルコール標本の形態からでは想像もつかない。投げ縄は、一本の糸とその先端にある粘着性のある球(たま)からできている。この球は普通のクモの糸にもある「粘球」を寄せ集めた巨大なもので、非常に強い粘着力がある。ナゲナワグモでは、この粘着物質が本来の投げ縄の輪の部分にあたる。ナゲナワグモは、近くに餌となるガが飛来すると、その翅音を感知して、糸をぐるぐると円を描くように回転させる。先端にある粘球がガの体にくっつくと、もう逃れることはできない。

ただ、こんな単純な仕掛けで果たして効率的に獲物を捕えられるのか、疑問なところであるが、驚くべき仕掛けが隠されている。ナゲナワグモは、体からガのオスを誘引するフェロモンを出しているのだ。実際、ナゲナワグモの餌になっているのは限られた種類のオスのガだけで、メスのガはまったく餌になっていない。また、このフェロモンは、ガのメスが出すフェロモンとまったく同じ物質であることが化学分析によって確かめられている。メスがいると勘違いしてふらふらと近づいてきたオスのガは、強力な粘着力のある投げ縄で捕獲されるのである。その証拠に、ナゲナワグモに近づくオスのガを注意深く観察すると、メスを交尾に誘う物質を放出する「ヘア・ペンシル」とよばれる器官を露出させて近づいているのがわかる。オスは明らかにその気十分で、滑稽である〔図1–2〕。

ナゲナワグモが、まったく別の生物のフェロモンをどのように「入手」したのか、まだ謎であるが、クモがもともと別の用途で持っていた物質や、老廃物に由来する物質が、たまたまガのフェロモンの成分と似ていたという「瓢箪から駒」だったとしか考えられない。

したたかなイソウロウグモ

イソウロウグモは、文字どおり、他のクモの網に居候をし、宿主に気づかれないように餌を盗んで暮らしている〔写真1–4〕。このクモも、外見だけからその曲者ぶりを想像することはできない。ヒメグモ科という網を張るクモの仲間に属するが、いまでは網張り生活を捨てた変わり者である。

[図1-2]▶ナゲナワグモに接近するガのオス
腹部からヘア・ペンシルを出してナゲナワグモに接近するガのオス。 画＝馬場友希

[写真1-4]▶イソウロウグモとその宿主
スズミグモ(左)の網に居候するチリイソウロウグモ(右)。 撮影＝馬場友希

イソウロウグモは、普段は宿主の網の上でじっとしているが、網に餌がかかると打って変わってすばやく反応する。宿主が別の餌に気をとられている隙に、餌をかすめとるのである。イソウロウグモは、網の振動により宿主の行動を逐一把握しているようで、自分より体の大きな宿主から攻撃されて食べられてしまうような「へま」はほとんどしない。

さらに驚くべきは、餌の昆虫が少ない時期には、宿主の糸を食べてしまう。クモの糸はタンパク質でできていて、それなりに栄養価があるからだ。イソウロウグモは、宿主から利用できるものはすべて利用しようという、たいへんしたたかな生活スタイルをもっているのである。

多様な生物に、共通するしくみ

多様性が生じる背景に何が?

生き物は種数においても、生活スタイルにおいても、たいへん多様であることがわかった。だがいっぽうで、すべての生き物には共通した性質があるのも事実である。後に詳しく述べるが、自己複製をする能力や、生命活動のための基本的なしくみは驚くほど共通している。

多様性と共通性は、いっけん相反する現象で、たがいに相容れないように思えるかもしれない。実際、少し古い時代の生態学者や分類学者は、枚挙的な記述を重視するあまり、共通性や一般性を追求する理論生物学や分子生物学に距離を置く傾向があった。多様な生き物の暮らしや複雑な生態系を、単純な理屈や物質ごときで理解できるはずがないという信念があったからだろう。いっぽうで、分子生物学者や生理学者の一部には、生命現象を物質レベルで解明することのみに終始し、多様性にかかわる研究はアマチュアの趣味のようなもので、やがては物質レベルでそのすべてが還元的に説明できると信じて疑わなかったようだ。しかし、この両者ともにやや視野が偏狭である。

すこし逆説的だが、多様性を理解するうえで共通性の理解は不可欠である。さまざまな形や生活史をもつ生物が生じた背景には、遺伝子やタンパク質などの変化が必ず関与しているからである。そのしくみの理解が、多様性の真の理解につながるはずだ。

「細胞」という共通性

すべての生き物が、細胞という小さな単位で構成されていることはよく知られている。子供のころ、理科の実験でタマネギやムラサキツユクサの葉を薄く剥がして、顕微鏡で細胞を眺めた記憶がある。また、自分の口の中に綿棒を突っ込んで、頬の内側をゴシゴシやって採り出した細胞を顕微鏡で観察した記憶もある。

植物の細胞には、細胞壁という固い外殻があり、長方形の細胞が整然と並んでいるが、動物の細胞は細胞壁がないので、採取した細胞は形が崩れたものも多い。また、植物には光合成を行う工場である葉緑体があるが、動物にはそれがない。しかし、動物でも植物でも、細胞の中には核とよばれる球状の物体があり、その中に遺伝子が格納されていることには変わりない［図1－3］。このように、細胞レベルでも多様性はないことはないが、それよりも共通性の方が目を引く。

植物と動物はともに生き物であるということは、頭では理解できるだろうが、やはり細胞のような細かなパーツに目を向けないと、それを実感できないだろう。外見からはまるで違う形をしていて、「どこが親戚？」と思える植物と動物も、結局は細胞という小さなパーツからできていることを顕微

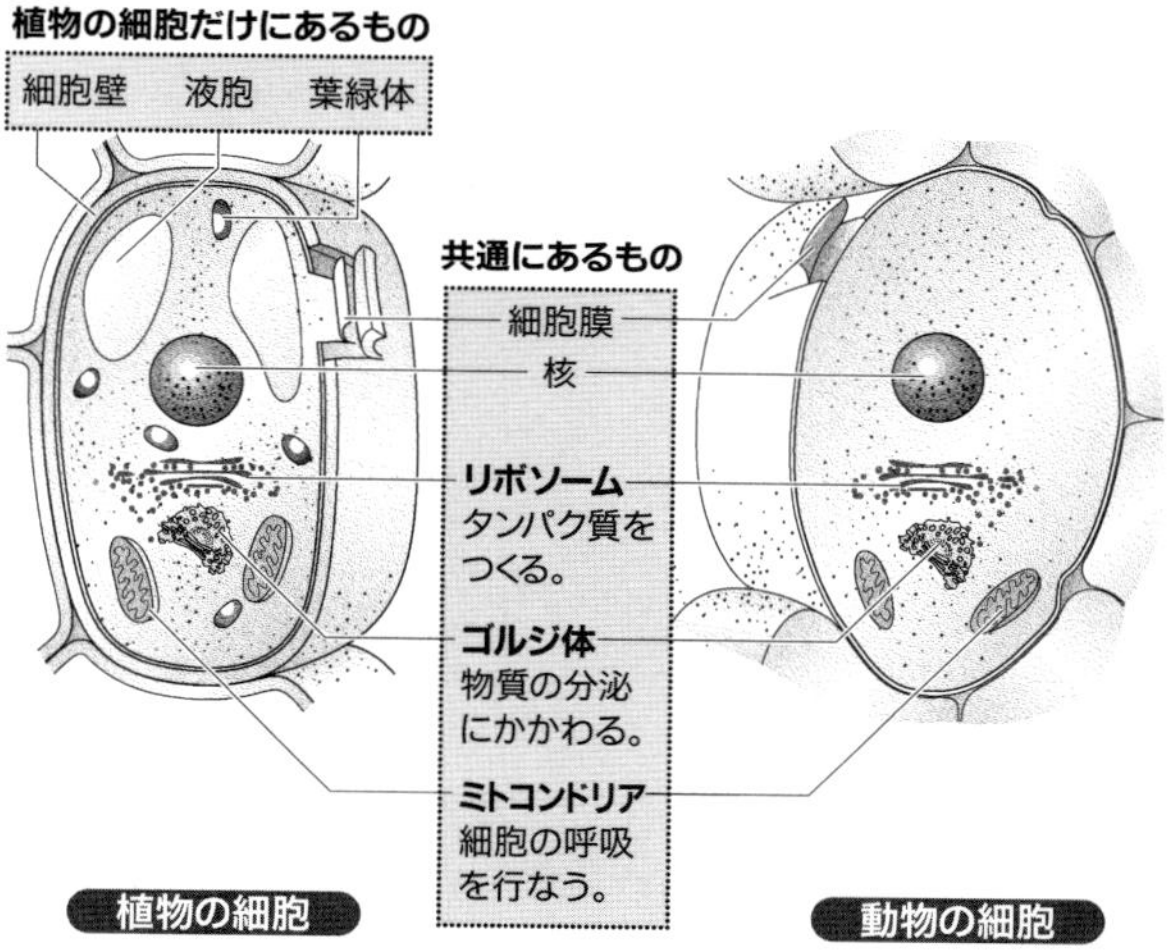

［**図 1−3**］▶**植物と動物の細胞**
外見は大きく異なる植物と動物も、細胞レベルでは多くの共通性が見られる。

鏡は教えてくれる。

全生命体にある遺伝子DNA

細胞の核の中にある遺伝子は、さらに共通性が高い。遺伝子はDNAという物質からできていて、すべての生物がもっている。DNAは、デオキシリボ核酸の英名（Deoxyribonucleic acid）の頭文字をとったもので、リン酸（脂肪酸の一種）と塩基と糖から構成されている。遺伝子とDNAは、よく同義でつかわれているが、じつは少し意味合いが違う。DNAは化学物質であり、かなり複雑ではあるが、水や二酸化炭素と同じく化学式で表すことができる。

一方、遺伝子は物質そのものというより、その役割を暗示している。親から子へと引き継がれるさまざまな性質、たとえば鼻が高いとか、色が白いとかいった性質を伝達するメディアそのものなのだ。このメディア性があるからこそ、DNAは遺伝子の本体とよばれるわけで、そうでなければ、わざわざ別名でよばれることはなかったはずだ。

DNAを構成している塩基は、アデニン、グアニン、シトシン、チミンの四種類しかない［図1－4］。これはすべての生物に共通である。これらの塩基の長大なつながりが、多種多様な遺伝情報を提供しているのである。塩基の連続した三つの組み合わせが、まるで暗号のように一つのアミノ酸を指定している。この三つの塩基の組をコドンとよんでいる。アミノ酸をコードする単位、という意味から名

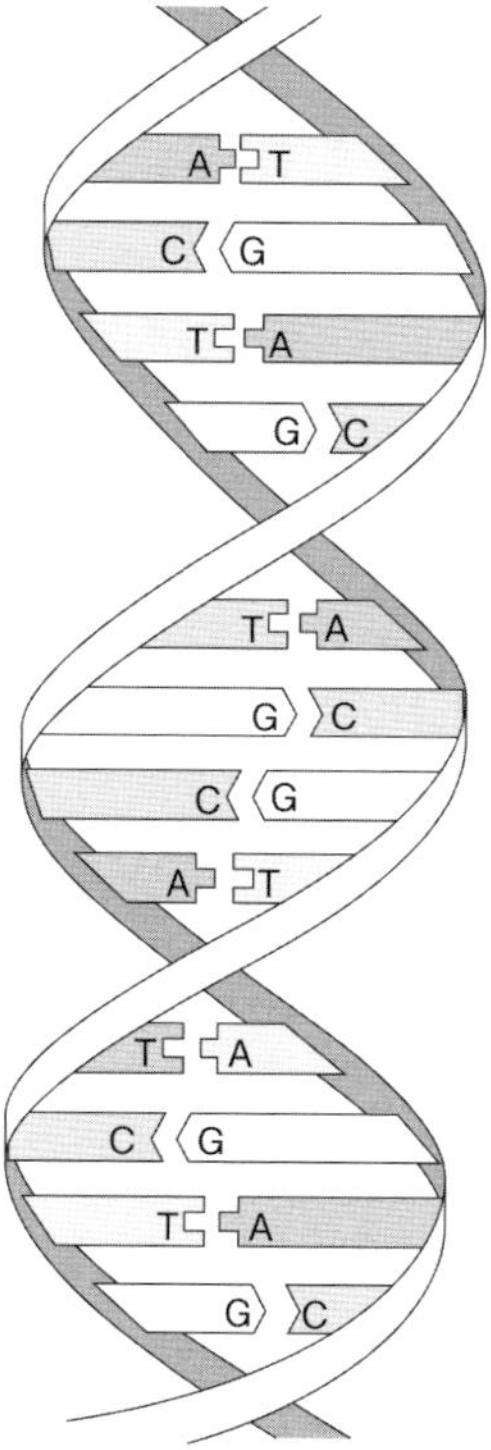

A = アデニン
C = シトシン
G = グアニン
T = チミン

［図1–4］▶DNAの模式図とその組成
二重らせんを描いてのびるそれぞれの鎖を四種類の塩基がつないでいる。すべての生き物がこのDNAをもっている。

付けられた。さらに、アミノ酸はタンパク質を構成する基本単位であり、いわば生物の体を成すもととなっている物質である。全部で二〇種類の必須アミノ酸が知られている。塩基の種類は四つしかないが、三つの連続した組み合わせの数は、$4^3 = 64$とおりにのぼる。二〇種類のアミノ酸をコードするには十分な数である。

なぜ「四種類の塩基」なのか

こうしたことは、高校の生物であたりまえのように習うのだが、よく考えると不思議なことが多い。他にも塩基はあるのに、なぜこの四種類が遺伝子としてつかわれるのだろうか。また、なぜ三や五でなく、四という数字なのか。三種類でも$3^3 = 27$で、数字的には二〇種類のアミノ酸に対応できるはずだ。さらに、そもそも遺伝子がなぜ塩基という物質である必要があるのか？　塩基がアミノ酸をコードする暗号であり、アミノ酸を構成する物質ではないのだから不思議である。こうした根本的問いは、まだよくわかっていない。というより、おそらく塩基である必然性はそれほど高くないし、ましてや四種類の物質である必然性もたいして高くないのだろう。

最初の生命体が、たまたまこうした物質を遺伝子として利用したことが、後のすべての生命体に引き継がれただけの結果なのかもしれない。もし、生命が何度も独立に誕生したのであれば、おそらく四種類の塩基のみが使われたり、三つの塩基がコドンとして機能するという共通性はありえなかっただろう。宇宙のどこかで、私たちとはまったく別起源の生命が見つかれば、これが証明される時がくるかもしれない。

ATPという共通性

もう一つ、生命体の共通性を紹介しよう。生物は遺伝子を通して自己複製できる能力があるが、さまざまな活動を行う能力も備わっている。無生物との対比でみれば、石ころは自己複製できないし、自力で移動することもできない。生物のさまざまな活動は、有機物を無機物に変える過程で生じるATPという物質で維持されている。ATPは、アデノシン三リン酸という物質で、アデニンやリン酸から構成されている点で、DNAと似た物質である。

ATPは、エネルギーそのものではないが、エネルギーを取り出す通貨のような物質である。以前に、酸素呼吸は発酵に比べてはるかに多くのエネルギーを取り出せることを述べた。これは、有機物が無機物に分解される過程で作られるATPの量が、酸素呼吸では発酵に比べて一〇倍以上も多いからである。私たちも含めたすべての生き物は、自己の遺伝子を残すために、ATPを生産する機械のような存在ともいえる。

共通のルーツから多様な誕生へ

突然変異からの進化

地球上の生き物のルーツが同じだとする説には、すでに見てきたような動かぬ証拠がある。では、どのようにして生き物は多様になったのだろうか。同じものが違うものに変わる過程をみるには、ある性質の一部分だけが変化した生物を比較するのがわかりやすい。ネズミのような生き物からヒトが進化したと言われても、にわかには信じがたいのは無理もない。

変化の出発点は、突然変異[★03]とよばれる遺伝子の一部分が変化することで起こる［図1－5］。もっとも小さな突然変異は、DNAの塩基のある一つが別の種類の塩基に置き換わることである。塩基が換わると、必ずではないが、合成されるアミノ酸の種類も変わる。すると、さまざまな生命活動にかかわるタンパク質の種類も変わるので、生き物の性質自体が変わるのである。

こうした変化の大多数は、ふつう生き物にとって有害で、突然変異した遺伝子をもった生物は生き残ることができない。ところが、ごく稀ではあるが、突然変異を起こす前の生物よりも有利な性質が現れることがある。このような個体は、ほかの個体より多くの子孫を残すことができるので、その性

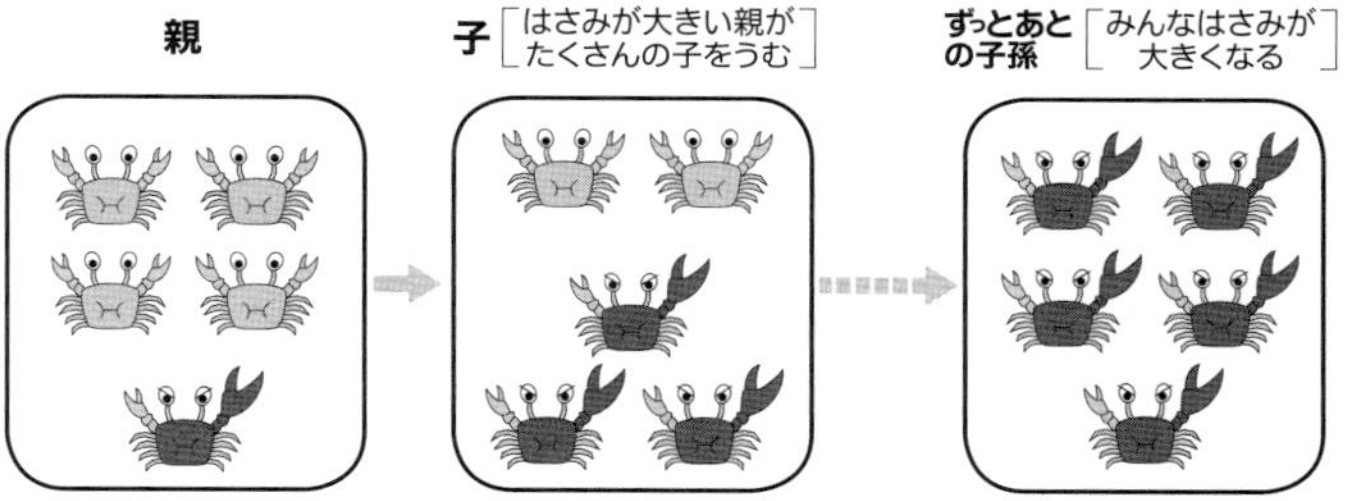

［**図1–5**］▶**進化のしくみ**
この図のカニのように突然変異によってはさみが大きくなった個体は、メスをめぐるオス同士の争いに有利である。そのため多くの子を残し、しだいにはさみが大きな個体の数が増える。そして数世代後には、すべての個体が同様の性質をもつように進化する。（図は、武内和彦＋宮下直『人と自然の本』2004年／ポプラ社より）

質が集団の中に広まり、やがて前の生物とは異なった集団が誕生することになる。これは自然選択★04ないしは自然淘汰とよばれる生物の進化のしくみである。

その進化は偶然か、必然か

ここで注目すべきは、突然変異と自然選択による進化は、どこまで偶然でどこまでが必然なのだろうかという点である。突然変異は、塩基の置き換わりだけでなく、染色体とよばれる遺伝子の集まりが、形を変える大規模なものもある。しかし、いずれにせよ、生き物が自発的に変化を望んで起こしているわけではなく、偶然の作用で起こる出来事である。

偶然で優れた絵画や料理などの「作品」ができるという確率は決して高くないが、その反面、まったくあり得ない話でもない。失敗と思った作品が、じつは斬新で思ってもみなかった革新につながることは、どの世界でも聞く話である。だが、それはあくまでラッキーである。偶然の積み重ねが、まったくもって想像できない結果をもたらす可能性があることを、「コイン投げ」の例で見てみよう。

西洋人が好きなコイン投げは、日本人のジャンケンのようなものである。表と裏のどちらかに賭けて、順番などを決める。もちろん、ふつうのコインは表と裏の出る確率は一対一のイーブンである。コイン投げを五回続けた場合、それら全部が表の確率は直感的にとても低いと感じる。その勘は間違っていない。正確な確率は三・一パーセントにすぎず、およそ三二回に一度しか起こらない出来事で

start ↓

0	0	1	1	1	1	0	0	0	0	1	0	0	1	1	1	0	1	1	1
0	0	1	0	0	1	1	0	0	1	0	0	0	0	0	0	0	0	1	1
1	0	0	0	0	0	0	0	0	0	0	1	0	1	1	0	0	0	1	0
1	0	1	0	1	0	0	1	0	1	1	0	1	0	1	1	0	1	1	0
0	0	0	1	1	1	0	0	0	1	1	1	1	1	0	0	1	1	0	1
1	0	0	0	0	0	1	1	0	0	1	1	1	1	1	0	0	0	1	1
1	0	0	0	0	1	1	0	0	0	0	1	1	0	0	0	1	0	0	1
1	1	1	1	1	0	0	0	0	1	1	0	0	0	1	0	0	1	0	0
1	1	0	1	1	0	0	0	0	1	0	1	1	0	1	1	0	0	1	1
0	1	0	0	0	0	0	0	0	1	1	0	1	0	0	1	0	0	0	0
0	1	0	1	1	1	1	1	1	1	0	0	1	0	0	1	1	1	0	1
0	0	1	0	1	1	0	0	0	1	1	0	1	1	1	1	0	0	0	0
1	1	0	0	0	0	0	1	1	1	0	1	0	0	0	0	0	0	1	1
1	0	0	1	0	0	1	0	1	1	0	1	1	0	1	0	1	1	0	1
1	0	1	0	0	0	1	1	1	1	1	0	0	1	0	1	0	0	0	0
0	0	0	0	1	0	1	0	0	0	1	1	0	1	0	1	1	0	0	0
0	0	1	1	0	1	1	0	0	0	0	0	1	1	1	0	1	1	1	1
0	0	1	0	1	1	1	1	1	0	0	1	1	0	1	1	0	0	0	1
0	1	1	0	0	0	1	1	1	0	1	0	0	0	0	0	1	0	1	1
0	1	0	0	0	1	1	1	1	0	1	0	0	1	0	0	1	0	0	1
0	0	0	0	1	0	0	1	1	0	1	0	0	0	0	0	1	0	1	0
1	0	0	1	1	0	0	0	1	0	1	1	1	1	0	1	0	1	0	1
1	1	1	1	1	0	1	0	1	1	0	1	1	0	0	0	1	1	1	1
1	1	1	1	1	0	1	0	0	0	0	0	1	1	0	1	1	0	0	1
1	1	0	1	0	1	0	1	0	0	1	0	1	1	0	1	0	0	1	1

［図1-6］▶500回のコイン投げの結果例

連続して5回以上表「1」か、裏「0」が出た場合をグレーの枠にしている。左上から下に向かって順番に結果を示している。

ある。だが、この程度なら偶然に起こっても、まあ納得しうる範囲かもしれない。

では、表が一〇回続けて出たとしたら、どうだろうか。今度はコインに仕掛けがあるのか、それとも投げる人が特殊な訓練を積んだ成果と考えたくなる。いずれにせよ、偶然ではなく必然の産物と考えるだろう。この感覚も間違っていない。表が一〇回出る確率は、〇・一パーセントであり、およそ一〇二四回に一回しか起こらないからである。だが、この確率は、「一〇回しかコインを投げなかった」という縛りがあることを忘れてはならない。もし、一〇回だけでなく、五〇〇回続けてコインを投げたらどうなるだろうか？　実際にコイン投げをする根気はないので、エクセルというコンピュータ・ソフトを使って、乱数とよばれる偶然の数値をつぎつぎに発生させてコイン投げをシミュレーションした。その結果が［図1－6］である。

驚いたことに、表もしくは裏が、五回以上続けて出たのが、計一四回もあり、一〇回続けて裏が出た場合も一回あった。とうてい起こり得ないようなことが、繰り返しが何度もあると、必然に近い頻度で起こり得ることを意味している。試行の繰り返しは、偶然を必然に転じる力を秘めていると言える。

突然変異と自然選択

これを生物の進化に置き換えて考えてみよう。生物の進化は、遺伝子の突然変異とその後の自然選択によって起こることはすでに述べた。自然選択は、有利な遺伝子をもった個体が増える過程なので、必然である。水が重力によって、高いところから低いところへ流れるのと原理的には変わらない。しかし、突然変異は、ある塩基が別の種類の塩基に置き換わるような、遺伝子の偶然の変化によって起こる。

この世に完璧な生き物はいないが、滅びることなく長年にわたって綿々と生き延びてきたことを考えれば、偶然に起こる突然変異が、生命の体制を崩す有害なものであることは想像がつくだろう。だが、何万回も何百万回も突然変異が繰り返し起これば、そのなかに、生存にとって有利な突然変異がたまたま混入していても不思議ではない。いったん、こうしたラッキーくじを引いてくれば、あとは自然選択の力で進化していく。

いっけん起こりそうもないことが起こるという意味で、コイン投げの例と同じ原理である。これは、ある意味で必然ともいえる。気の遠くなるような偶然の積み重ねが必然を招くという、何やら宗教めいた文言も、それなりに科学的な根拠があるのだ。

第2章　生態系のしくみ

多くの種が棲める理由

1：資源分割

イワナとヤマメの棲み分け

自然界には膨大な種の生物が共存している。だが、それらは平和的に手を携えて暮らしているわけではない。自分の子孫、もう少し正確に言うと、自分の遺伝子のコピーを後の世代に少しでも多く残そうと、日々しのぎを削っているのである。もちろん生物が意図してそうしているのではなく、自然選択という普遍的な「力学」がそうさせているのである。私たちが目にする生物に満ちあふれた世界には、そうした背景があることをまず念頭に置いていただきたい。

生物の共存のメカニズムとしてもっともポピュラーなのが、「棲み分け」である。棲み分けは、生態的によく似た近縁の種が、棲み場所を微妙に変えて生息している状態をいう。日本の清流に広く分布するイワナとヤマメは棲み分けの例としてよく知られている[写真2－1]。イワナもヤマメも、サケやマスの仲間であるが、一生を上流ですごす。イワナは河川の源流部の水温の低い場所に棲むが、ヤマメはイワナよりもやや下流に棲む。両種とも、肉食性で、水生昆虫や陸から落下する昆虫を餌とし

[写真2-1]▶イワナとヤマメ
同じ川の源流部でも、イワナ(上)はやや上流に、ヤマメ(下)はそれよりやや下流に、という具合に二種の魚類はきれいに棲み分けてすごす。

ているので、同じ場所で二種が共存することは難しい。だから、河川に沿って、二種はきれいに棲み分けている。面白いことに、イワナがいない川では、ヤマメは水温の低い源流部にまで分布している し、その逆にヤマメのいない川では、イワナはやや下流部にまで分布している。異なる種の共存は、種に固有の性質だけで決まるのではなく、種と種のせめぎあいの結果決まっているのである。

カワスズメの多様な食い分け

棲み分けと似た現象に、「食い分け」がある。これは文字どおり、近縁の種間で食べ物の種類を分けて共存していることである。

アフリカのサバンナに棲むシマウマやガゼルなどの草食動物は、低木を好むものや草本を好むもの、さらに草本でも穂の部分を食べるものや茎を食べるものなどの違いが見られ、これが草食動物の共存を可能にしているらしい。

もっとすごい例は、アフリカの湖に棲むカワスズメという魚である。マラウィ湖では、二〇〇万年ほど前に侵入したカワスズメの祖先から、四〇〇種以上におよぶ膨大な種が進化した。これらの種には、餌の明瞭な食い分けが見られる［図2－1］。水中に浮遊するプランクトンを食べるもの、湖底の泥の中に棲む無脊椎動物を食べるもの、貝を専門に噛み砕いて食べるもの、ほかの魚を襲って食べるもの、さらにほかの魚の鱗を食べるものまでいる。同じ湖のなかでこれだけ多数の種が共存できるのは、

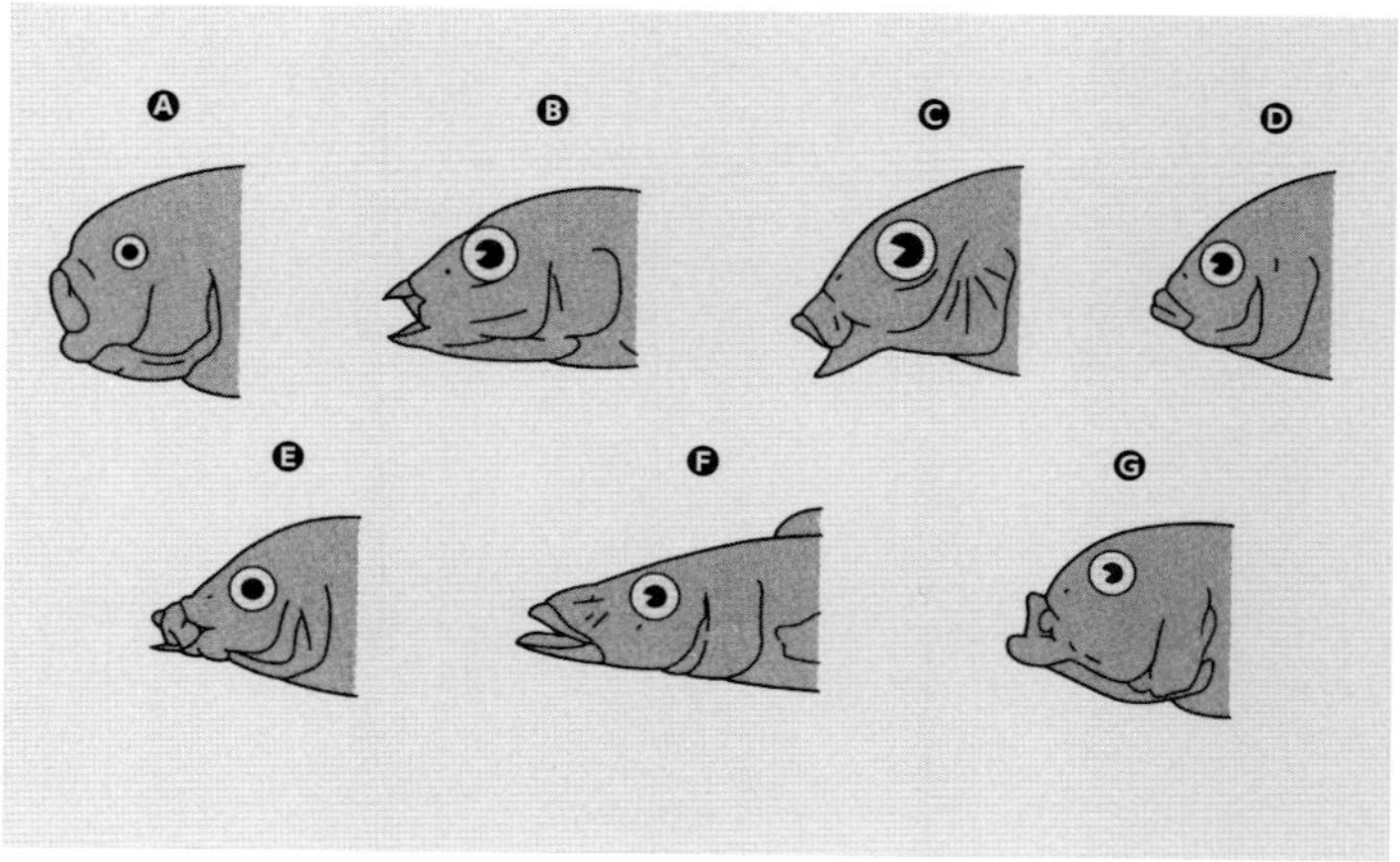

［図2−1］▶マラウィ湖に棲むカワスズメ類
さまざまな餌を食べる種が共存している。

A：岩についた藻類を剥き取る
B：昆虫などを拾い集める
C：湖底にいるミミズなどを掘り起こす
D：固い貝殻をかみ砕く
E：浮遊している動物プランクトンを食べる
F：ほかの魚を食べる
G：ほかの魚の鱗を剥ぎ取って食べる

多様な食い分けが見られるからであろう。

多業種が共存できるしくみ

棲み分けや食い分けによる種の共存のしくみは、人間社会の職種と対比させるとわかりやすい。たとえば、駅前にあるさまざまな店舗を考えよう。喫茶店、食料品店、居酒屋、眼鏡屋、パチンコ屋、薬屋、本屋などがすぐに思い浮かぶ。これらの職種の間では、買い物にくる消費者をめぐって争うことはあまりないだろう。むしろ、違う物を売る店が集まっていれば、買い物に便利なのでそこに客が集まるかもしれない。これが、いろんな業種が駅前に共存できるしくみである。もし、喫茶店や居酒屋が何軒もあれば、客をめぐる熾烈な競争が生じ、やがてどれか一つの店が生き残るか、場合によっては共倒れになるかもしれない。

ところが、大きな駅になると、喫茶店や居酒屋が何軒もある。大きな駅は当然利用客も多く、同じ業種の店があっても客の取り合いにならないからである。ただ、店ごとに何らかの特色を出すような工夫はみられるだろう。居酒屋でいえば、焼き鳥を専門にする店、海鮮を専門にする店、洋酒を専門にする店、などが考えられる。

さらに、小さな駅前ではとても経営が成り立たないような、マニアックな店も現れるだろう。このように利用客が多くなると、それだけ業種が多様化ないしは細分化される傾向にある。これは、生物の共存や多様性のパターンとたいへんよく似ている。いや、原理はほぼ同じと考えてよいだろう。

多くの種を生かす「資源分割」

利用客の数の多寡を生物の共存の文脈で考えると、ある地域で一年間に生産される植物バイオマスの量（これを「一次生産量」という）と置き換えることができる。生態系の基盤は植物の一次生産であり、これを草食動物が直接摂取し、肉食動物が間接的に摂取しているからである。一般に、気温が高く降水量が多い地域ほど、一次生産量は多い。極地から温帯、熱帯に向かうにつれ、一次生産が高まる傾向はよく知られている。

業種の細分化の論理と同じく、一次生産量の高い地域ほど、生物は餌や棲み場所を細分化することができる。細分化しても、餌となる資源が十分得られるからである。温帯は寒帯よりも、そして熱帯は温帯よりも種の多様性が高い理由は、こうした論理で説明可能である。

生態学では、種によって利用する生息場所や餌が違うことを「資源分割」という。すでに述べたように、資源分割は多くの種が棲めるためのしくみである。店舗の場合でいえば、利用客はお金を落としてくれる「資源」に違いない。その資源をいかに上手に利用するか、自分のもっている技術や経験を勘案しながら、それぞれの店は日々しのぎを削っている。同じように、自然界の生き物も、有限な資源をめぐって、自らの生態的な特徴を生かしながら、他の種と日々しのぎを削っているのである。

ここで生態的な特徴とは、体の大きさであったり、増殖率であったり、行動のスキルであったり、温度耐性であったりする。その結果として、私たちが目にする種の多様性の大枠が形づくられているのである。

多くの種が棲める理由

＝：「共生」関係

「共存」する種の間柄とは

共存とよく似た言葉に「共生」がある。両者はほぼ同義に使われることもあるが、よく考えると語感は違う。共存は「ともに存在する」というニュートラルな意味であるのに対し、共生は助け合いの精神が含まれている。だから、「多様な意見が共存する」とは言うが、「多様な意見が共生する」とは言わない。違う意見が持ちつ持たれつの関係にあることは、あまりないからである。

生物の場合、共存と共生はさらに明確に区別されている。共存は、潜在的には利害が対立する種と種の間で、資源の分割により、多くの種が暮らしている状態である。ヤマメはイワナがいなくても暮らしていけるし、むしろいない方が数を増やすことができるだろう。だから、共存関係にある種どうしは、ニュートラルまたはマイナスの影響を与える間柄にある。

協力関係が成り立つ「共生」

ところが、共生関係にある種では、相手の種がいることのメリットがデメリットよりも大きく、相手がいることがプラスにはたらく。たとえば美しい花を咲かせる植物では、昆虫に花粉を運んでもらうことで雌しべが受精し、果実や種子を実らせることができる。トマト、キュウリ、スイカなどの野菜や、リンゴ、ナシ、ブルーベリーなどの果物は、ミツバチやマルハナバチなどによって花粉を運んでもらい、果実を作っている[写真2-2]。

もちろん、これらのハチは無報酬で働いているわけではない。餌である花の蜜や花粉をせっせと収集する過程で、結果として体に着いた花粉を雄しべから雌しべへ運んでいるにすぎない。ようするに、自然界で見られる共生は、人間社会でときどき見られるような自己犠牲を伴う純粋な親切心から成り立っているわけではない。ハチも植物も、それぞれ自分らのメリットがデメリットよりも大きいから、互いに協力関係ができあがっているのである。この観点からすれば、人間が行う無報酬のボランティア活動は、人間以外の生物にとっては理解不能な行為と映るにちがいない。

「細胞内共生」という関係

少し古い生態学では、自然界の生物の種間関係は、利害が対立する競争が卓越していて、共生はマイナーであるとされてきた。だから、種間での競争を緩和するためのしくみ、すなわち共存のしくみを

[写真2-2]▶エゾノコリンゴの花の蜜を集めるミツバチ
ミツバチの後ろ脚には、花粉だんごがついている。花から花へ花粉を運び、花蜜は胃の近くにある蜜嚢に蓄えて、巣に持ち帰る。

解き明かすことが、自然界に多様な種が棲めることの説明とほぼ同義であった。だが最近では、共生はごくありふれていて、しかも生命進化や地球環境の形成の根源になっていると考えられている。なかでも衝撃的なのは、「細胞内共生」★05である。

細菌を除くほとんどすべての生物の細胞には、ミトコンドリアとよばれる小器官がある。これは酸素呼吸によってＡＴＰ（アデノシン三リン酸）を生産する工場のような働きをしている。また、緑色植物の細胞には葉緑体があって、ここでは光合成が行われている。ミトコンドリアも葉緑体も、生物にとって必須の小器官であるが、これらは原核生物とよばれる核をもたない生物に由来すると考えられている。その証拠に、ミトコンドリアや葉緑体には、細胞の核にある遺伝子（つまり宿主の遺伝子）とはまったく別の遺伝子があり、もとは別の生物であったことを示唆している。いまでは、ミトコンドリアも葉緑体も宿主の細胞から抜け出して自立した生活を営むことはできない。長い年月をかけて、宿主とこれら小器官の間には、切っても切れない共生関係が築かれてきたのである。

ウシやシカなどの草食動物は、胃の中にセルラーゼを合成する微生物を棲まわせている。セルラーゼは動物自身が生産できない酵素の一種であり、細胞壁を構成するセルロースを消化する働きがある。だから草食動物は、肉食動物や私たち雑食動物が消化できない植物繊維をブドウ糖に分解し、エネルギーを得ることができる。この微生物は草食動物の体内から抜け出しては暮らしていけないし、草食動物も細菌がないと生きてゆけない。

絶対ではない「随意共生」

自然界には、もう少しゆるい共生関係も広くみられる。アリとアブラムシ（アリマキ）は、その代表的な例である［写真2－3］。アリはアブラムシの腹部から出る甘露をもらうが、その一方でアブラムシを襲うテントウムシやヒラタアブの幼虫などの天敵を撃退し守っている。ただ、両者はお互いがいることで利益を得てはいるが、相手がいないと生存できないわけではない。こうした関係は「随意共生」とよばれ、草食動物と腸内微生物のように互いの存在が必須である「絶対共生」と区別されている。

果実をつける植物と、果実を食べて種子を運ぶ鳥類の関係も随意共生である［写真2－4］。私たちになじみのサクラは、花が終わると小さなサクランボをつける。それはムクドリやヒヨドリなどに食べられ、やがてサクランボの種子が糞として排泄される。サクランボの種子は、鳥によって親木から離れた場所に運ばれ、そこで発芽して成長できるので、鳥がサクラの分布を広げるうえで一役買っている。もちろん、これはサクラだけではない。

都会の庭でも手入れをせず放置しておくと、いつの間にか多種多様な植物が生えてくる。イネ科植物やタンポポなどの雑草、ケヤキなどの種子は風で運ばれてくるが、サンショウ、シュロ、ネズミモチ、マンリョウ、アオキなどの樹木は、どれも鳥が糞として運んできたものである。ただ、鳥はこれら植物の分布の拡大に貢献してはいるが、鳥に運ばれなくても親木の近くで育つことはできる。鳥もいろいろな植物の果実や昆虫を食べることができるので、どれか一種の植物がなくても生き残れないわけではない。

持続可能性を求めて

最後に共生の起源を考えてみよう。人間は、何をすれば得で何をすれば損か、試行錯誤はあったとしても、ある程度予見することができる。だが、多くの生物はそのような頭脳を持ちあわせていない。だから、互いの利益を考えて協定を結んだわけではなく、最初は相手を利用するだけの搾取から始まったに違いない。

たとえば、アリは最初、アブラムシを餌として食べていた可能性が高い。だが、甘露を出すこの虫を殺さずにうまく利用すれば、しばらくは餌に困らなくて済むだろう。さらに、アブラムシから搾取するだけでなく、その天敵を撃退してアブラムシの個体数の目減りを防げば、より長期にわたって餌の確保が保証されるに違いない。羊飼いや牛飼いが、オオカミを追っ払うのと同じである。もちろん、こうした「持続可能性」をアリが頭で考えたのではなく、アブラムシの天敵を撃退するという行動を起こす遺伝子が、たまたま突然変異により発生し、その遺伝子が自然選択により集団中に広まったからに違いない。

おそらく、細胞内小器官も草食動物の胃の中の細菌も、最初は栄養の一方的な搾取や「居候（いそうろう）」が始まりだったと思われる。やがて、搾取のみで相手を衰弱させるより、相手にもメリットを与えつつ自

［写真2–3］▶**アリとアブラムシ**
お互いがいることで利益を得る「随意共生」の関係にある。 撮影＝海野和男
［写真2–4］▶ナナカマドの赤い実を食べる野鳥ヒヨドリ
ツグミやムクドリも、ナナカマドの実を好んで食べて、これらの植物の分布を広げる。

分らの将来も保障しようという「知恵」が生まれた。この知恵が突然変異により生み出され、自然選択で広まったに違いない。これは人間社会の進歩の過程と似ている。

競争至上主義は、経済や住環境が上向きのフロンティア型社会には適しているだろうが、資源の枯渇がさし迫り、環境問題が顕在化し、人口減少が進んだ先細りの社会、不確実性の高い社会では、誰もが安心して暮らせる共生社会が理想像として映るだろう。生物における共生社会の構築との違いは、人間は頭で考えられる分、成り行き任せの突然変異に頼らなくて済むことである。その点で、人間はほかの生物に比べてはるかに効率的に共生社会の実現に近づくことができるはずである。

多くの種が棲める理由

III：食物連鎖

競争関係とその社会

駅前でどんな店が経営できるかの喩（たとえ）を使って、生物の共存のしくみを前述した。今度はそれをもう少し拡張して考えてみよう。実際の社会では、駅前の店とそれを利用する客との関係だけで物事が決まるわけではない。居酒屋を例にとれば、材料を仕入れるために、魚市場や野菜市場へ買い出しに行くだろう。また居酒屋に来るサラリーマンも、勤務先の会社とのつながりがある。さらに、その会社も、取引先の海外の会社と関係しているかもしれない。こう考えると、駅前の店と店との競争関係は、それを取り巻く社会の大きなネットワークの中で演じられているのである。

もし、客が勤める会社が、不景気で給料の払いが悪くなれば、客足は遠のき、店の売り上げはガタ落ちになるに違いない。不景気の原因は、円高によって海外の取引先が輸入を止めたためかもしれない。これを簡単な図式で表せば、「海外の会社→勤務先の会社→サラリーマン→駅前の居酒屋」、という関係になる。「大風が吹けば桶屋が儲かる」という諺を思い起こす構造である。

同じような構造は自然界の生物でもみられる。異なる種が集まった集合体を専門用語では「群集」、英語ではcommunityという。これは人間の社会のコミュニティと同じ語源である。異なる生物種の集まりを生物の社会と見立てたのであろう。

また、生物種のつながりを表す構造は、「食物連鎖」としても有名だ。食物連鎖は、種と種を「食う・食われる」の関係でつないだものであり、群集の中身をより具体的に表している。生物の群集は、さまざまな種のネットワークで成り立っていると言い換えることもできる。たとえば、シジュウカラやオオタカが森で暮らせるのは、直接餌となる生物だけでなく、そのまた餌となるさまざまな生物との間接的な関係の上に成り立っている。また、ガの幼虫が大発生しないのは、天敵であるシジュウカラやクモの働きで個体数が抑制されているからである［図2－2］。

食物連鎖は、直接関係していない生物どうしが間接的に関係していることを理解するのに役立つ。その二つの例を紹介しよう。

百年以上前に絶滅したニホンオオカミは、シカやイノシシを主食としていたらしい。シカやイノシシは田畑の作物を荒らす害獣だったので、人間にとってオオカミはありがたい生物だった。オオカミの語源は、「大口の真神（おおぐちのまかみ）」とされている［写真2－5］。大切な作物を害獣から守ってくれる神様の使いとして崇められていたのである。作物を生き物として捉えれば、その敵はシカやイノシシ、そのまた

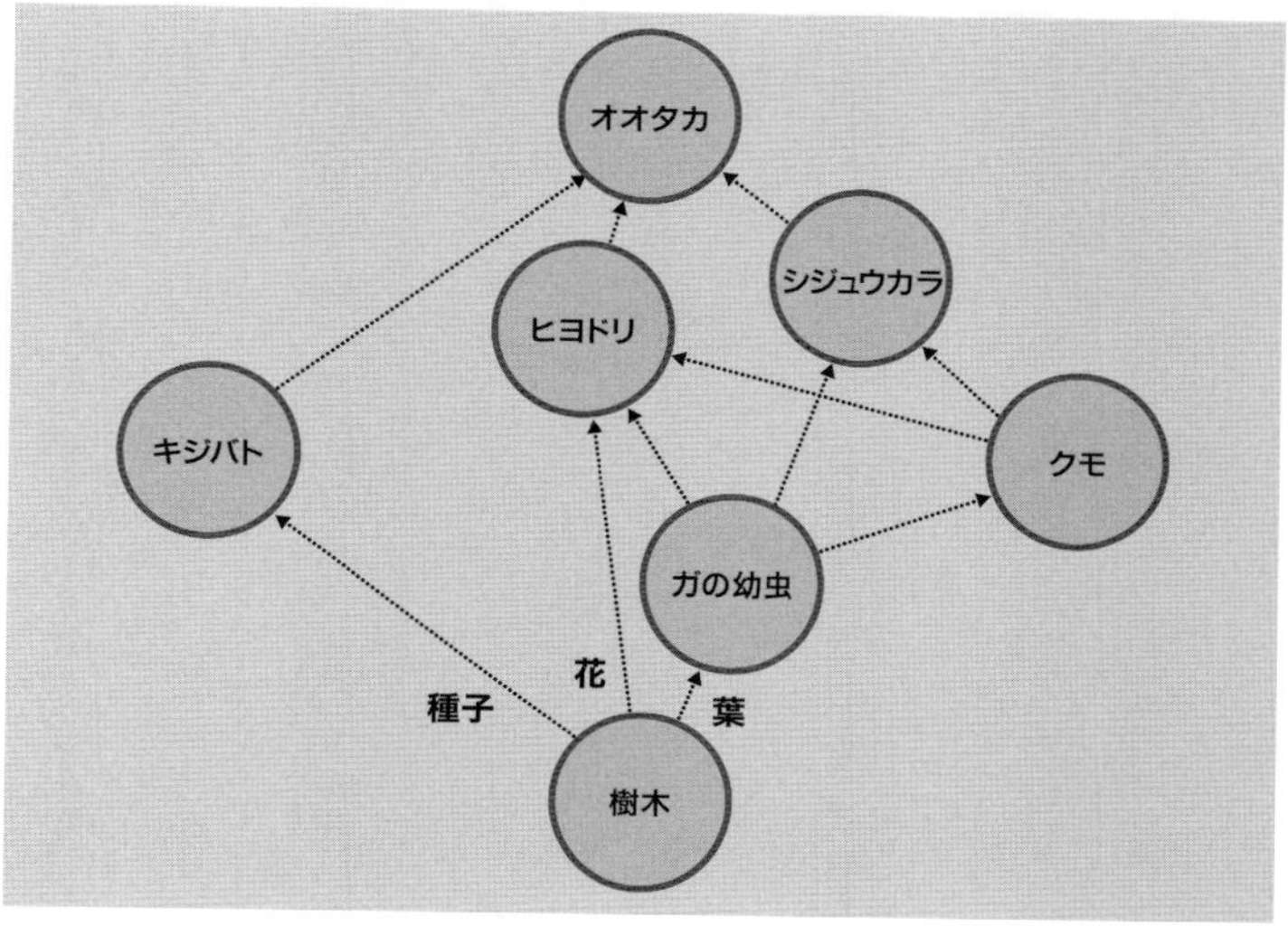

[**図2-2**]▶**身近な雑木林でみられる典型的な食物連鎖**
図は代表的な生物のみを示した。食物連鎖は、最近では「食物網」とよばれている。種と種のつながりは直線的な鎖状ではなく、網目状になっているからである。この図では、ガと樹木、クモは多数の種をまとめたものである。

敵はオオカミということになる。

敵の敵は味方、ということで崇めてきたわけだが、人間が森を開拓して大規模な牧場を経営するようになると、オオカミは家畜を襲うようになった。江戸時代中期以降のことである。こうなると、オオカミは作物を守ってくれる神の使いではなく、大事な家畜を襲う悪魔に代わってしまった。敵の敵から、単なる敵に変化し、駆除の対象になってしまったのである。これはもちろんオオカミの責任ではない。

ラッコとウニとコンブ

アラスカからカリフォルニアにかけての北太平洋沿岸には、ジャイアントケルプとよばれる大型の海藻が分布していて、「コンブの森」とよばれる生き物豊かな生態系を形成している。ここにはラッコという人気者の動物も棲んでいる。お腹の上で貝を割って食べる仕草は何とも愛くるしく人気があるが、ラッコはコンブの森の守り神のような存在でもある。なぜなら、ラッコの好物はウニであり、ウニの好物は他ならぬコンブだからである[写真2−6]。

一九九〇年代にラッコが急激に減少した時には、ウニが大発生し、そのウニに食い荒らされてコンブの森が衰退してしまった。コンブにとって、ラッコは敵の敵、つまり味方なのだ。では、なぜそもそもラッコが減ったかというと、どうやらシャチ（大型のイルカの一種）が沿岸にやって来て、ラッコを

［写真2–5］▶東京・青梅市の武蔵御岳神社「大口真神」のお札
盗難除け・魔除けの神「大口真神」は、江戸時代から「おいぬ様」として親しまれてきた。ただしこれは犬ではなく、いまは絶滅したとされるニホンオオカミだという。
「大口真神」のお札は狼護符として、田畑を害獣から守るとされ、現在も田畑の作物の近くに立て掛ける風習が残る地域がある。

食べてしまったからと考えられている。

シャチはアザラシや他のイルカを好んで食べるが、人間が沖合で魚を取りすぎて、魚を餌とするイルカやアザラシが減ったため、シャチが仕方なく沿岸にやってきてラッコを食べるようになったらしい。まさに「大風が吹けば桶屋が儲かる」の諺どおりであり、人間が生物のネットワークをとおして生態系のバランスを崩してしまった好例であろう。この場合、人間が吹かせた「大風」で儲かったのは、ウニだけである。

［**写真2-6**］▶**ジャイアントケルプとウニ**
ウニを好物とするラッコが減ってウニが増えすぎると、コンブの森は、ウニに食い荒らされることになる。カルフォルニア州近海にて。 撮影＝中川隆

生態系とそのつながり

生態系とは何か

私たちは、生態系という言葉をよく耳にする。新聞、ニュース、ドキュメンタリー番組などでおなじみである。そのほとんどが、自然環境や地球環境とほぼ同じ意味で使われている。私たち専門家もそうした総称をよく使うのだから、これは間違いではない。だが学術的にいうと、生態系は人間社会の外部環境、といった漠然とした概念ではなく、文字どおり「系」を意味している。

人体にたとえると分かりやすいかもしれない。循環器系は空気を体内に取り込んで酸素を体内の各組織に輸送するシステムであるし、消化器系は摂取した食物を消化吸収して排泄するシステムである。システムの内部には、食道、胃、小腸、大腸といった一連のパーツがあって、それぞれが一定の役割を果たしている。

生態系においても、光合成で有機物を作る一次生産者、その有機物を消費する消費者がいて、消費者もさらに草食動物や肉食動物に分かれる。また、落ち葉や朽ち果てた樹木、動物の死体は、微生物などの分解者によって分解され、無機物となって土に帰る。この無機物とは硝酸やアンモニアなどの

［写真2-7］▶魚を狙うヒグマ
秋の知床、カラスも舞い降りてきた。（上） 写真提供＝環境省・釧路自然環境事務所
下はサケを捕まえるヒグマ（米国アラスカ州）。

化合物のことで、土中で植物の根から吸収されて再び生体を構成する。つまり、生態系は本来、このような構成要素の相互作用が織りなす、一連の循環システムのことを指している。

外部と区別可能なシステム

では、生態系はどの範囲で括られるのだろうか？　地球は外部の宇宙空間から明確に区別できるので、地球を生態系の単位とすることもできる。大気も水も国境はないのだから当然ともいえる。だが、地球は見た目にはっきりと区別できる異質なパーツから成り立っている。海と陸の違いは言うに及ばず、森林と草原では見た目の景色だけでなく、そこに棲む生き物もまるで違う。

人間が作りだした農地も過去二千年来、他と区別できる重要な構成要素となっている。さらに、同じ森林でも、ブナ林などの落葉広葉樹林とシイやカシなどの照葉樹林では見た目がだいぶ違う。日本人にはなじみ深い「里山」★06は、雑木林、水田、ため池、草地などから成り立っている。里山を一つの生態系とみなすこともできるが、これらの構成要素を別個の生態系とした方が実態として捉えやすい。

このように、生態系とは特定の空間的な広がりで定義されるものではなく、目的や状況によって使い分けられている。ただし、いずれにしても外部と区別可能なシステムとして捉える必要はある。

サケ…ヒグマ…トウヒ

前の議論からも明らかなように、個々の生態系にはある程度の同一性ないしはアイデンティティはあるが、他の生態系とは独立ではありえない。沿岸の干潟や藻場の生態系は、森林生態系から供給される窒素やリンなどの栄養分で支えられている。それらをつなぐものが河川生態系であり、そこには森林だけでなく、農地からの有機物の流入も含まれている。いっぽう、有機物の供給が過剰になれば、河川は汚れ、ひいては沿岸の生態系も劣化することになる。

こうした物質の流れを通した生態系のつながりは比較的容易に想像できる。それに加え、ここ二〇年くらいの間に、生物の移動が生態系のつながりに一役買っていることがつぎつぎとわかってきた。ここではその事例をいくつか紹介しよう。

サケやマスは、河川と海を行き来する回遊魚である。北半球の太平洋沿岸の河川には、さまざまな種のサケ科魚類が産卵のために回遊してくる。それを目当てに、ヒグマやワシやカラスなどの動物がやってきて、饗宴になることは映像でもおなじみである。特にヒグマでは、これらの魚が多い地域では体が著しく大型化し、アラスカやカムチャッカでは七〇〇キログラム以上にも達することもある［写真2－7］。これは海から陸へもたらされる自然の恵みの好例であるが、事はそれだけにとどまらない。動物の食べ残しや糞は、河川から数百メートル離れた森林にも運ばれる。これらは樹木への施肥の効果があり、サケの多い河川周辺では、トウヒという針葉樹の成長が三倍も速くなるらしい。

またカリフォルニアのブドウ園では、ブドウの果実に含まれる窒素量の二〇パーセントが、アライグマやコンドルが運んできたサケ科魚類に由来する有機物であるという報告もある。

生態系と共生の関係

海は陸に比べて均一な環境に見えるが、じつはさまざまな生態系から構成されている。特に沿岸域の環境は多様で、干潟、藻場、サンゴ礁、マングローブ林などの生態系が存在する。これら生態系は、潮流などで連結しているのは当然であるが、魚類の移動によってもつながっている。

なかでも、幼生期に藻場やマングローブ林で暮らし、成魚になるとサンゴ礁に移動するブダイなどの大型の魚は注目に値する［写真2－8］。ブダイは、サンゴの表面に付着している藻類を餌としている。藻類が過剰に繁茂するとサンゴの表面を覆ってしまい、サンゴは衰退する。ところが、ブダイがこの藻類を食べてくれるおかげで、サンゴ礁が健全な状態で維持されているらしい。つまりサンゴ礁は、ブダイを仲立ちとして藻場やマングローブ林に守られているとも言える。

勘のいい読者はすでにお気づきのとおり、異なる生態系は、物質や生物の移動を通して、ある種の共生的な関係にあると言える。共生は本来、生物種の間のプラスの関係を指すが、生態系を単位としたシステム同士の関係も共生系とみなすことができる。このあたりの深い議論については、後に述べることにする。

[写真2-8]▶オビブダイとサンゴ(沖縄県波照間島)
サンゴ表面の藻類を食べるオビブダイ。藻類の過剰な繁茂がおさえられることにより、サンゴ礁の健全な状態が保たれる。

生態系のバランスと平衡

「不安定の安定」という絶妙

バランスの語源は、天秤または秤のことである。私が子供のころは、天秤棒を使って物の重さを量ったり、上皿天秤を理科の実験で使ったりしたが、いまはデジタル式の高性能の電子天秤に置き換わってしまった。だが、「やじろべえ」なら、いまの子供でも分かるに違いない。一時的に右に傾いても、すぐに反対方向の力が加わってゆり戻される。それの繰り返しが、「不安定の安定」ともいえる絶妙なバランスをもたらしている。もちろん、片方に乱暴な力を加えれば、やじろべえはバランスを崩してあえなく落下してしまう。

バランスは、よく「平衡」あるいは「均衡」とともに語られることが多い。平衡や均衡は、天秤でたとえるならば、相反する力が完全に釣り合い、天秤棒が水平に保たれている状態のことをいう。

また「動的平衡」という言葉がある。これは、系を構成する物質などは常に出入りしているが、系全体はある状態に維持されていることをいう。人間の顔は年とともに老化でたるんでくるが、一週間や一か月で変化することはない。ただ、顔を作るすべての細胞が一か月まったく同じことはなく、表皮が垢となって剥がれ落ちる一方で、新たな表皮細胞がつくられる。これも動的平衡の一種である。

おおむね動的な平衡状態に

平衡はバランスよりも狭い概念である。平衡状態では、物事が止まって見える必要があるが、バランスがとれている状態では、やじろべえのように左右に動いていていてもよい。長期的に、ある一定の幅のなかで変動が収まっていればよいのである。現実の世界では、つねに平衡状態にある系はほとんどなく、何がしかの変動は起きているはずだ。人の顔にしても、たまには傷もできるし、肌が荒れることもあるだろうが、一〜二週間もすればたいてい回復する。生きているとは、まさにバランス力の結果とも言える。

生態系も一般的にこうした性質を備えている。たとえば、大気中の酸素濃度はほとんど変動しない。これは、海水中への酸素の溶け込みと海水からの酸素の放出、あるいは樹木による炭素の固定と呼吸による酸素の消費、といった相反する過程が釣り合っているからである。もちろん、未来永劫変化しないということではない。すでに見てきたように、数億年単位の気の遠くなる時間スケールでは酸素濃度は上昇してきた。ただ、少なくとも私たちが感じる時間スケールでは、おおむね動的な平衡状態にあるといえる。

個体数の変動とバランス

生物の個体数は、大気中の酸素濃度よりは大きく変動している。今年はサンマが豊漁だとか、渡り鳥の数が少ないとかいった話はよく耳にする。ただ、サンマは不漁にもなるし、渡り鳥が多い年もある。害虫の中には、数万倍のオーダーで数が変動する種もいる。

ヨーロッパのカラマツ林に棲むカラマツアミメハマキというガはその典型例である［図2－3］。密度が低い時は、見つけるのも困難だが、大発生するとカラマツの葉を食い尽くしてしまう。面白いことに、大発生はほぼ一〇年周期で起こっている［図2－4］。大発生は、餌不足やウイルス病の蔓延による死亡率の急激な増加により終息する。短い時間スケールでみると明らかに不安定であるが、数十年のオーダーでみれば、一定の範囲内で変動している。これもバランスがとれている例である。

生物の個体数にバランスがとれている以上、何らかの相反する力がうまい具合に働いている必要がある。数が増えすぎると減らす力が、数が減ると増やす力が働くことで、トータルとしてバランスがとれているはずだ。

個体数を抑えるブレーキ

まず増える方から考えよう。生物は本来、親の数よりも多くの数の子を産む。先進国の一部の人間を除き、両親（オスとメスのペア）が一生に産む子の数の平均が、二匹ということはまずない。数十や数百、

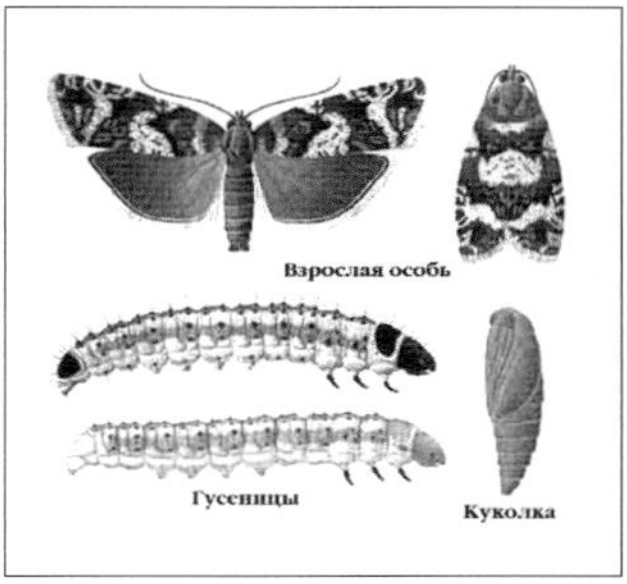

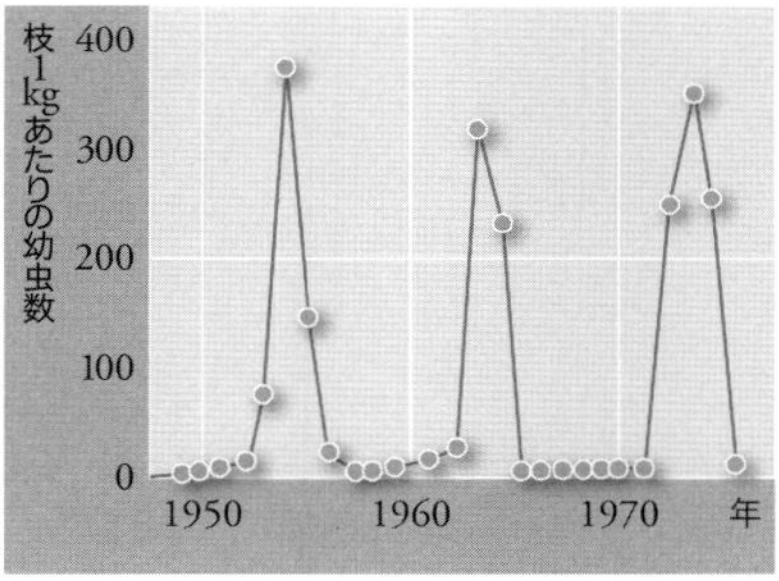

［**図2−3**］▶**カラマツアミメハマキ** *Zeiraphera diniana*（左）
ロシアの博物画より。主にスカンジナビアやシベリアに分布し、ヨーロッパの高地でも、10年単位で大発生を繰り返すことが知られている。 大発生した幼虫は、トウヒやマツ、カラマツの若い葉を食いつくす。

［**図2−4**］▶**カラマツアミメハマキの数の年変動**
スイスのカラマツ林におけるカラマツアミメハマキの数の年変動。Omlin and Herren（1975）を改変。

種によっては数十万もの数の子を生む。つまり、個体数が平衡状態を保つよりも、はるかに余分な数の子を生んでいることになる。だから、条件さえよければ、短期間のうちに爆発的に増えることのできるポテンシャルがある。

こうした増加を「ネズミ算式」とよぶことがある。かりに一匹のメスが二匹のメスを生み、生んだメスはそのまま死ぬとしても、一〇世代後には、2^{10}匹（＝一〇二四匹）に増えることになる。実際のネズミはもっとたくさんの子を産むので、増え方はさらに激しいものになる。これは借金が膨れ上がることでよく使う「雪だるま式」と同じ理屈である。利息が一定でも、返済を怠ると、いつの間にか大変な返済額になってしまう。

しかし、生物の個体数の増加は、借金の増加とは一つ重要な点で異なっている。それは、個体数が増えると、必ずある時点で増加にブレーキがかかることである。餌や棲み場所が無限でない以上、こうしたブレーキがかかるのは当然である。餌不足になると、一匹のメスが産む子の数が減ったり、親になる前に死ぬ確率も高まる。

また、棲み場所が足りなくなれば、他の場所を求めて移動するだろうが、その途中で野垂れ死にするかもしれない。さらに、高密度になると排せつ物などで衛生状態が悪くなり、流行病が発生することもある。このように、個体数が増加すると、増加を抑えるような悪影響が出ることを「密度効果」という。

すべての生命がもつ「環境収容力」

密度効果が強くなると、やがて密度効果の負の力と、増加ポテンシャルが釣り合う状態になる。これが個体数の平衡状態である。この時の個体数を「環境収容力」という。どのような生物でも、かならず環境収容力がある。この値よりも数が多くなれば、密度効果により減少し、少なくなれば増加ポテンシャルが優って増加する。

これは、アクセルとブレーキの関係にたとえられる。時速五〇キロを厳密に順守する場合、四五キロではアクセルを踏むし、五五キロではブレーキをかける。また、三〇キロの時のほうが、四五キロの時よりもアクセルを強く踏むだろうし、逆に七〇キロ出ていることに気づけば、驚いて五五キロの時よりはるかに強くブレーキを踏むはずだ。

このたとえを使うと、生物の個体数がある範囲で変動しながらバランスを保っている理由を説明できる。時速五〇キロの平衡状態で道路を走り続けることは、運転に相当習熟していないと難しい。ふつうの人は、四五キロや五五キロの間を行き来しながら、五〇キロ前後で走ることになる。運転の下手な初心者は、四〇キロから六〇キロのバラツキが出るかもしれない。ブレーキは密度効果、アクセルは増加ポテンシャルとすれば、生物の数も環境収容力（制限速度）の前後を揺れながら変動しそうである。カラマツアミメハマキの例は、その極端な例である。アクセルとブレーキがそれぞれ効きすぎると、とんでもなく大きい変動が続くのである。

ネットワークで維持されるバランス

「レスキュー効果」による復活

「バランス」と「絶滅」は、ふつう対立する概念である。強い外圧が働いてバランスが大きく崩れれば、生物の集団は絶滅してしまう。だが、集団が一つではなく、いくつもの小さな集団（以下、分集団とよぶ）に分かれていればどうだろうか。ある分集団が滅びても別の分集団が生き残っていれば、集団全体は消滅しない。とくに、生息地の環境条件が分集団ごとに異なり、また生息地の間を生物が往来できるのであれば、絶滅した分集団は復活することができる。これを、絶滅から救われるという意味で、「レスキュー効果」とよんでいる。

レスキュー効果による分集団の復活は、集団全体が長期間にわたって存続することを可能にしている。これは、「生息地のネットワーク構造で維持される絶滅と回復のバランス」、と言い換えることができる。ここで重要なのは、個体数ではなく、分集団の数においてバランスがとれているという点である。

［図2−5］▶水面を疾走するバシリスク
その絶妙な足の運びは、不安定な環境に棲む生物の分集団が、絶滅と復活を繰り返しながら生きる「レスキュー効果」というしくみを想わせる。 画＝高木 俊

バシリスクが水面を走れる理由

この理論は少し難しいので、面白い比喩を紹介しよう。中米にはバシリスクという水面を走ることができるトカゲがいる［カラーiii／図2－5］。水面を走れるのだから、よほど体が軽いと想像するかもしれないが、水面の表面張力よりも軽い脊椎動物などはいない。そのかわり、バシリスクはものすごい速度で後足を交互に水面に叩きつけて走り去るのである。

もう少し正確に言うと、着水している足が完全に沈む前に、別の足を着水して蹴りだし、推進力を生んでいる。重要なのは、もし二本の後足を同時に着水すれば、あえなく体全体が沈んでしまう点である。足送りの猛烈なスピードに加え、個々の足の着水が時間的に同調していないことで、体全体が沈むことなく前進できるのだ。もちろん二本の前足も疾走するバシリスクのからだ全体のバランスをとる重要な役割を担っていることは言うまでもない。

ここで、バシリスクの一本一本の「足」を、生物の個々の「分集団」とみなそう。分集団レベルでは絶滅が不可避（つまり、各足は必ず沈む）であっても、個々の分集団の絶滅が同調していなければ（個々の足が同時に着水しなければ）、別の分集団から移入してきた個体によって分集団は復活し、集団全体が消失することはない（つまり、体が沈むことはない）。

分集団の絶滅と復活のバランスによって集団全体が維持されるのである。絶滅を0、存続を1として、それぞれを足し算すれば、個々の分集団が孤立した状態での足し算は0＋0＝0であるが、分集

[写真2−9]▶分集団を形成するカワラノギク
関東地方の一部の河川敷、写真のような玉石河原を好んで生育する。絶滅危惧IB類。東京都羽村市の多摩川の河原で、2010年10月（上）。 撮影＝自然盆人

団間の移動がある時の足し算は0＋0＝1になるという理屈である。何だか騙された気がするかもしれないが、バシリスクの走る姿を冷静に思い起こせば、納得できると思う。バシリスクの水上走行のようなしくみで維持されている集団は、不安定な環境に棲む生物で知られている。河川敷や草地に棲む生物がその代表格である。

河川敷は大水や洪水による撹乱が定期的に起き、植物が旺盛に繁茂した場所が一夜で石ころだらけの河原に早変わりすることがある。また草地も人為による定期的な撹乱を受けている。日本のように温暖で降水量の多い地域では、草原は時間とともに樹林へと遷移していくので、撹乱がなければ、草地は維持されない。

絶滅と出現を繰り返すカワラノギク

カワラノギクという植物は、関東地方の河川敷にのみ生育する植物で、絶滅危惧種に指定されている［写真2－9］。カワラノギクが好む環境は、石がゴロゴロした砂礫地である。なぜそのような環境を好むかといえば、他の植物との競争に弱いからである。

洪水による撹乱からの時間がたつと、他の植物が旺盛に繁茂し、カワラノギクは光や養分を奪われ、その場所から消えてゆく。だが、洪水によって撹乱が起こる場所は、あちこちに散らばっていて、しかも毎回同じ場所で撹乱が起こるわけではない。洪水のたびに上流から土砂や堆積物が運ばれ、河川

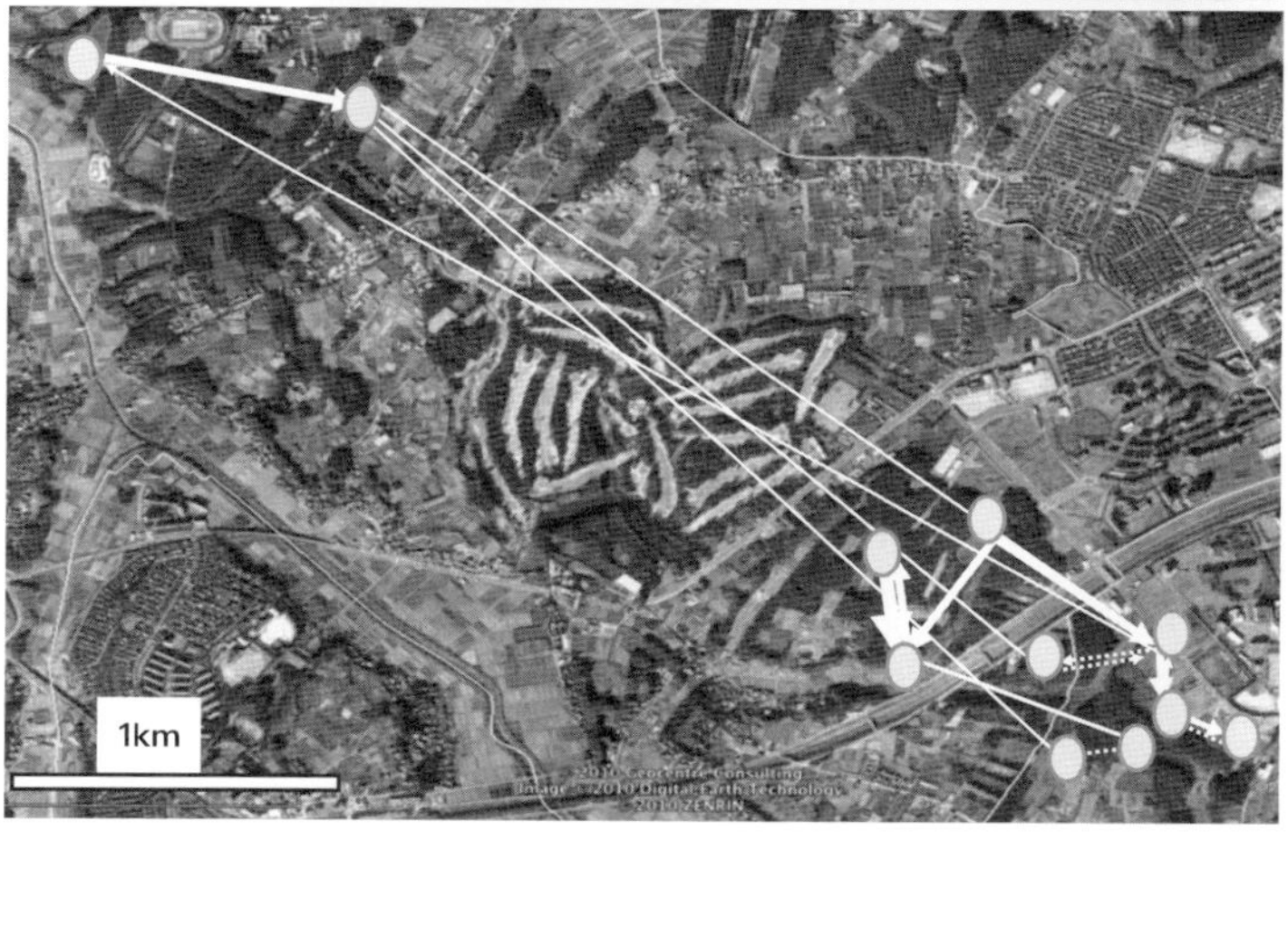

［写真2−10］▶翅に番号で標識をつけたジャノメチョウ

生態調査のため約2600匹にこのように番号を記した。 撮影＝明星亜理沙

［図2−6］▶ジャノメチョウの草地から草地への移動

千葉県白井市における生態調査による。線が太いほど、移動の頻度が高いことを意味している。

敷の地形が変化するからである。だから、カワラノギクは撹乱からの経過時間が異なる分集団を形成している。

カワラノギクは、花を咲かせた後にタンポポのような冠毛のついた種子を遠くへ飛散させる。古い分集団は、他の植物との競争に敗れて消えゆく一方で、撹乱でできた裸地には、種子が飛んできて新たな分集団が形成される。これは、まさに分集団の絶滅と出現が繰り返され、集団全体がそのバランスによって維持されていることを示している。

ジャノメチョウと草地のネットワーク

草地に棲むチョウ類も分集団を形成しているものが少なくない。イギリスや北欧では、二〇年以上も前から草地に棲むヒョウモンチョウやシジミチョウの仲間が、草地のネットワークで集団を維持していることが知られてきた。これは、日本のチョウについても当てはまる可能性が高い。

私たちは、千葉県の下総台地に点在する草地に棲むジャノメチョウの生態を調べたことがある［写真2－10］。ジャノメチョウは、草地に棲む比較的大型のチョウで、草の上をゆっくり飛ぶので、個体数のカウントや捕獲が簡単にできる。

ジャノメチョウが発生する七月から八月にかけて、約二六〇〇匹ものチョウの翅にマジックペンで個体番号をつけ、一四か所ある草地と草地の間の移動を調べた。酷暑の夏に、来る日も来る日も草地に出かけてチョウを捕まえ、翅に新たな番号を付けたり、番号を確認したりの地道な作業である。その結果、一日当たり、数パーセントの個体が、別の草地へ移動していることがわかった[図2-6]。なかには、四キロメートル以上離れた草地へ移動している個体もいた。草地の間には、雑木林や宅地、国道、鉄道の線路などがあるにもかかわらず、である。

日本の草地は、人間による草刈りや火入れ、家畜の放牧などで維持されている。下総台地でも、草地は定期的な草刈で維持されているが、数年放棄すると、背の高い草やササが生い茂り、ジャノメチョウは棲めなくなる。私たちが手を加えて残してきた草地のネットワークが、ジャノメチョウが長期間にわたって生き延びられる環境を維持してきたのである。

第3章　問題の実態

減り続ける生き物たち

Ⅰ：ニホンオオカミ、ベッコウトンボ…

人口の急増と野生生物の受難

いま地球上には、七〇億人もの人間が暮らしている。数だけでいえば、小動物や微生物にはとうてい及ばないが、平均体重が五〇―七〇キロもある大型の動物でこれほどの個体数を維持している生き物は他にはいない。その食と住を満たすため、人間は広大な面積の森林や草原、湿地などを開発し、農地や宅地に変えてきた。だが、人口がこれほど膨れ上がったのは、一〇万年ともいわれるヒトの歴史からみればつい最近のことである。五〇年前は約半分、百年前は約四分の一、そして千年前は二〇分の一にすぎなかった。

日本の人口も似たようなものだった。長い戦乱の世が終わり、江戸時代になると新田開発などで人口は増えたものの、元禄から幕末までの一五〇年間は、三千万人程度で安定して推移していた。明治維新後の文明開化によって人口はうなぎ登りで増え続け、西暦二〇〇〇年あたりで一億二七〇〇万人のピークを迎えた。その後、少子化で人口が減少に転じたのは周知のとおりである。

人口増加による土地改変は、野生生物の激減や絶滅をもたらしたことは想像に難くない。イギリスのように早くから開発が進んだ地域では、すでに一〇世紀ごろにヒグマが、一五世紀にオオカミが絶滅している。しかし、多くの国々では、一九世紀から二〇世紀にかけて数多くの生物が受難の時代を迎えた。日本では、明治維新からの数十年間に起きた文明開化による近代化と、戦後の高度経済成長期に、二つの質が異なる開発の大波があった。最初の大波の犠牲者はオオカミやカワウソ、トキやコウノトリといった大型の動物であり、戦後の大波では昆虫や魚などの小動物が大打撃を受けた。

ニホンオオカミの絶滅

日本の歴史のなかで、江戸時代から明治時代にかけての社会の大変革はきわめて特異なものであった。農業中心の社会から、工業を中心とした科学技術の進歩が生産性を飛躍的に向上させ、人口の増加とそれによる自然の破壊が進んだ。

電気の普及、電車などの公共交通機関の発達、電話やラジオなどの通信手段の発達など、どれも現在の私たちの暮らしの根幹になっている。江戸から京まで、健脚でも二週間以上かかった道中が、維新後わずか三〇年の明治末期には、東海道線が開通して一〇時間ほどで行けるようになった。こうした便利さや豊さの裏で、さまざまな生き物が減少してきた。その代表格がニホンオオカミである［写真3－1］。

江戸時代、将軍家や諸藩の大名は、たびたび鷹狩りや鹿狩りを行ってきた。鷹狩りは、鷹を使ってウサギやキジなどの小型の獲物を狩る行事であるが、鹿狩りは、シカやイノシシなど、おもに大型の哺乳類を狩る行事である。現在の千葉県にある下総台地では、将軍家によって何度か大規模な鹿狩りが行われた。

享保年間に徳川吉宗が下総台地で行った鹿狩りでは、シカが数百頭のオーダー、イノシシが十頭以上、さらに驚くべきことに、オオカミまでもが捕獲されている。オオカミは、もちろん一九〇五年（明治三八）に絶滅したニホンオオカミである。幕末の嘉永年間に行われた鹿狩り（一八四九年）ではオオカミの記録はないが、この時代まで下総台地ではオオカミが生き残っていたようで、現在の千葉県柏市や鎌ケ谷市で安政六年（一八五九）に駆除の記録がある。つい一六〇年前まで関東の平野部、それも江戸から二〇キロメートルほどの地にオオカミが徘徊していたとは、いまの柏市を知るものには、まさに信じがたいことである。

明治になっても、一部の地域でオオカミは数多く生息していた。東北地方では牛馬を襲い、猛威をふるっていたのである。岩手県では牧畜を成り立たせるため、新政府の指導者である大久保利通は、高額な懸賞金をかけてオオカミの駆除を奨励した。そのわずか四〇年後に、オオカミが絶滅するとは誰も思わなかっただろう。

トキやコウノトリ、カワウソなども、江戸末期まではどこにもいる普通種であったが、明治期に著

［写真3-1］▶ニホンオオカミの剥製（岩手県産）
東京大学農学部森林動物学教室所蔵。ニホンオオカミの剥製は、世界で4体しか現存しない。

しく減少したようだ。

いのち豊かな井の頭の水辺

私は昭和三〇年代半ばの生まれなので直接体験はないが、満州事変から戦後の復興期に当たる時代は、日本人にとって試練の時期だった。戦争で多くの人が犠牲になったのはもちろん、大多数の人が衣食住に不自由する時代だった。ところが、戦後の高度経済成長により目覚ましい経済発展を遂げ、わずか二〇年余でGNP世界第二位の経済大国へと駆け上がった。ところが、雑木林や草原、小川、水田、池など、身近な環境に棲む小動物のなかには、この時期に壊滅的に減少した種が多い。とくに田中角栄内閣が推進した日本列島改造計画は、生息地破壊の最たるものであった。

『原色千種昆蟲図譜』という戦前に出版された図鑑がある。私の父が若いころに購入した本で、子供のころから暇なときに眺めていた。昆虫標本をカラー写真にしたもので、当時世界最先端の昆虫図鑑であった。日本が領有していた台湾や朝鮮、樺太の昆虫も載っていて少し複雑な気分であった。この本の中には、東京の井の頭公園で採集された水生昆虫の写真が圧倒的に多い。いま若者に人気の吉祥寺のすぐ近くである。タガメ、ナミゲンゴロウ、ベッコウトンボなどの採集地になっていた［写真3－2］。いまでは、タガメやゲンゴロウは南関東から姿を消し、ベッコウトンボにいたっては、東日本では静岡県磐田市に確実な繁殖地が残っているだけである。井の頭公園にはいまでも水辺はあるが、

［**写真3-2**］▶**東京・吉祥寺、井の頭公園産のベッコウトンボ**
『原色千種昆蟲図譜』（松村・平山：三省堂）より。

［**写真3-3**］▶**歌川広重「井の頭の池　弁財天の社」**
安政三年（1856）、幕末のころの制作。背景の山並みは実際には見えないが、家康が祀られている日光連山の可能性が高いという。1年前の安政2年10月、江戸は巨大地震に襲われ、甚大な被害をこうむった。

水質の悪化や岸辺の護岸工事などで絶滅したのであろう［写真3－3］。

また、水生昆虫といえども、水辺だけが棲み家ではない。タガメは雑木林の落ち葉の下で越冬するらしいし、ベッコウトンボの成虫では、羽化後しばらくは草地や林の縁で小昆虫を捕って暮らす。本来、水辺と雑木林、あるいは草地といった異なる生態系のつながりが必要な生物なのだ。しかし、大都会と化したいまの井の頭公園の周りでは、もはやこのような環境は残っていない。残念ながら、こんな希少な生物が暮らしていたいのち豊かな井の頭の水辺は、いまでは想像すらできない。

減り続ける生き物たち

II：草原性のチョウたち

「人間の圧力」がなくて減少

江戸時代までどこにでもいたニホンオオカミやトキは、過度な狩猟や生息地の破壊で姿を消した。また、戦後間もない時代までは、池や小川にいくらでもいた水生昆虫や魚も、生息地の消失や水質の悪化で絶滅の危機に瀕している。どれも人間の生態系にたいする過剰な圧力がもたらした結果である。ところが、その逆に人間の圧力がかからなくなったことで減少している生物も多いことは、あまり知られていない。ここでは、その意外とも思える例を見ていこう。

絶滅のおそれのある生物をリストアップした「レッドデータブック」★07［写真3－4］という本がある。これは、環境省がさまざまな専門家に依頼して作成しているもので、定期的にリストが更新されている。危険度に応じて、絶滅危惧I類、絶滅危惧II類、準絶滅危惧などにカテゴリー分けされている。すでに述べた例でいうと、ニホンオオカミは絶滅種、ベッコウトンボは絶滅危惧I類、タガメは絶滅危惧II類、ナミゲンゴロウは準絶滅危惧である。

チョウ類は昔から愛好家が多く、もっとも数の減少の変遷がわかっている生物の一つである。レッドリストには六三種が指定されている。特徴的なのは、そのうち約八割近い四九種が草原や疎林（木がまばらに生える明るい環境）に棲む種であることだ。

広大な草原が開発されて、造成地や農地、ゴルフ場に変わったことが原因と思うかもしれないが、それは主要因とは言えない。人間が伝統的に管理してきた草原が放棄され、草原が樹林になってしまったり、種の多様性にとぼしい丈の高い草原へと変化したことが主な原因である。

草地は、人にもチョウにも「重要な場」

草地は少なくとも千年以上、おそらく数千年にわたり、日本人にとって重要な場であった。数千年前というと、まだ農耕が始まる前の縄文時代である。私たちの祖先は狩猟や木の実などの採集で生計を立てていたというが、最近の研究によれば、火入れで草地を維持していたことがわかってきている。その有力な根拠は、黒ボク土（くろぼくど）とよばれる真っ黒な土が日本各地に広がっていることである。黒ボク土には植物の燃えカスの炭が大量に含まれているので、色が黒い［写真3−5］。さらに詳しく観察すると、ススキなどのイネ科植物に含まれる珪酸体が大量に含まれていることがわかる。日本のように雨の多い国では、自然発火による大規模な火災は考えにくいので、人為によるものと考えてよいだろう。つまり、いまでも霧ヶ峰や阿蘇山などで行われている火入れの起源は、太古の縄文時代まで遡ることに

［写真3−4（下）］▶環境省が刊行する『レッドデータブック』（2006）
動物では、❶哺乳類　❷鳥類　❸爬虫類　❹両生類　❺汽水・淡水魚類　❻昆虫類　❼貝類　❽その他無脊椎動物（クモ形類、甲殻類等）。植物では、❾植物 Ⅰ（維管束植物）及び❿植物　Ⅱ（維管束植物以外：蘚苔類、藻類、地衣類、菌類）、計10分類群について作成されている。

［写真3−5（上）］▶長野県霧ヶ峰の草原に広くみられる黒ボク土
日本各地に見られる黒ボク土の広がりは、火入れによる草地の維持が、縄文の太古から行われていたことを物語る。 撮影＝須賀　丈

なる。

　では、なぜ農耕の発展していなかった縄文時代に祖先は火入れをして草原を維持してきたのだろうか。古文書などあるはずもないので、確かなことはわからないが、シカやイノシシなどの野生動物を狩るのに、見通しがよい草原が適していたことが理由として考えられる。また、後で詳しく述べるが、シカやイノシシなどの草食獣は、森林よりも草地が餌場として適している。太古の人々は草食獣を増やす知恵を、すでに身につけていた可能性もある。

　ずっと新しい時代になると、草原の用途ははっきりしてくる。草は、田んぼの肥料として（おもに春に採取）、牛や馬など家畜の餌として（おもに夏に採取）、また茅葺（かやぶき）屋根や蓑の材料として、種々の用途があった。いまでは「遊んでいる土地」とされる「原っぱ」は、地元民の財産だったのだ。江戸時代には、山林や草地の資源をめぐる集落同士のいさかいが頻繁にあったらしい。私の故郷の長野県下伊那郡上郷町（一九九三年まで。現在は飯田市）では、元禄時代、住民が山間部にある野底山（のそこやま）の利用をめぐって、幕府に命がけの訴訟を起こした記録がある。旧飯田市の住民とのあいだで、田んぼに使う緑肥（生のままの植物を田んぼにすきこんで肥料にする）をめぐって争ったのである。

　本来、藩内の訴訟は藩内で決着すべきことであるが、飯田藩の不条理な裁定に上郷の住民が立ち上がり、江戸幕府の評定所の裁定を仰ぐ訴訟を起こしたのである。こうした争いは「山論」とよばれ、水田開発が進み、緑肥の採集の場である山ぞいの草刈り場が限られてきた江戸時代の中期以降に頻発した。稲作を継続するには、緑肥を得るために田んぼの十倍も広い草地が必要だったのだから、争いが起こるのも頷けよう。当時の人からすれば、草の確保は、まさに死活問題だった。野底山の山論は紆余曲折の末、決着をみるまでに六年もの歳月を要した。この間、村の代表者の捕縛や獄死などの代償があったようだ。余談だが、この六年の間には、水戸黄門で親しまれている徳川光圀が逝去し、かの有名な赤穂事件(殿中刃傷事件と浪士の吉良邸への討ち入り)があった。これは偶然の一致であろうが、歴史好きの私にとっては心を揺さぶられるものがある。

草原の価値の低下

ところが時代が下って戦後になると、安価な石油と、それを燃料や原料にした動力機械や化学肥料などが徐々に普及し、草地の価値は失われた。価値がなければ放棄されるか、他の用途に転換される。市街地に近い草地は宅地などに転換されるだろうが、人口が少ない里山や山間地では、手つかずのまま放棄されることが多い。

日本のように降水量が多く、気温も割合高い地域では、草原は放っておくと森林へ移り変わる。だから、草地が長期間維持されてきたのは、人間の管理や利用の結果なのである。

ここまで説明すればもう想像がつくと思うが、草原性のチョウが絶滅危惧種になったのは、草原の人為管理の喪失によるところが大きいのである。これは、「人為活動＝生息地への悪影響」といういっけん常識的な図式が、草原の場合は真逆であることを意味している。草原性のチョウには、シジミチョウ、ヒョウモンチョウ、セセリチョウなど、さまざまなグループの種が含まれている。これらのチョウの幼虫は、マメ科、スミレ科、キク科、イネ科など、さまざまな種の草本を餌としている。人間が自身の生活のために営んできた活動が、それとは知らないうちに、多様な植物からなる草原を維持し、多様なチョウ類を育んできたのである。

ナデシコもヤマキチョウも

古来より歌に詠まれてきた「秋の七草」も危機的状況にある。昔はごくありふれた植物だったのだが、いまではキキョウとフジバカマは環境省が指定する絶滅危惧種、オミナエシとナデシコも、あちこちの都道府県で地域レベルの絶滅危惧種に指定されている。いまでは、七種全部を見ることのできる場所は、相当なマニアでないと知らないようだ。

ただ、草原性のチョウの場合、環境が劇的に変わったわけではないのに、いつの間にかいなくなる場合も少なくないように思う。

長野県飯田市の郊外にある私の実家は段丘面の台地にあり、子供のころ、家の周りには桑畑や果樹園、田んぼが多かったが、宅地も広がり、いわゆる自然豊かな里山環境ではなかった。近所の川は護岸されていて魚はまったくいなかったし、ホタルもめったに見なかった。田んぼにはトノサマガエル

［写真3−6］▶希少種となったヤマキチョウ（上左）とウラギンスジヒョウモン（上右）
ヤマキチョウは2012年には、近い将来における絶滅の危険性が高いとされる絶滅危惧IB類に指定された。ウラギンスジヒョウモンは、同じく草原性のチョウ。絶滅が危惧されていると言われても、にわかには信じがたいほど 親しみのあるチョウではないだろうか。 撮影＝宮下俊之

［写真3−7］▶ミヤマシジミ（下）
何がこの小さな生き物の姿を消し去ろうとしているのか。ヤマキチョウと同様に2012年、絶滅危惧IB類に指定されている。 撮影＝宮下俊之

はたくさんいたが、アカガエルは見たこともなかった。ただ、いまは絶滅危惧種になっているチョウはけっこういた。

ヤマキチョウやツマグロキチョウが庭に飛んで来たこともあったし、ミヤマシジミも隣の家の畑で採ったことがある。だが、私が高校生になった一九七六年ごろを境に、まったく見られなくなった。

これは想像だが、桑畑や果樹園が減ったこと、田んぼの畦の草の管理が徹底されたこと、小面積で点在していた空き地が減ったこと、が原因ではないかと思っている。桑畑や果樹園には、そこそこ草が茂っていたし、当時の田んぼの畦や空き地は、いまより粗放的に管理されていたように思う。各農家には、必ずといってよいほど牛が一頭飼われていた。牛の餌は近くの田んぼの畦や伐採地から刈り取っていたらしい。いまのような電動草刈り機が普及していない時代なので、鎌で刈る手作業だったに違いない。そうした場所には、草原性のチョウの食草や秋の七草が点在していたことだろう。

桑畑、果樹園、畦、空き地は、どれも明るい開放的な空間であり、何も大規模な草原がなくても、「草原性のチョウ」が生き延びることができる場所だったのだろう。チョウにとっては、食草以外に、成虫が蜜を吸いに訪れる花の存在も重要であるが、それに困ることもなかったはずだ。人家の庭先や、学校の花壇、中庭にある園芸植物が一役買っていたに違いない。

遠い記憶の中に、ヤマキチョウやウラギンスジヒョウモンなどが、花壇の園芸植物に吸蜜に来ている姿がいまでも残っている［写真3－6］。また、山ぞいの荒れ地や水田の畦には、秋口になると夥しい数のミヤマシジミが飛んでいた［カラーii／写真3－7］。いまでは、ヤマキチョウは伊那谷からほぼ絶滅し、ウラギンスジヒョウモンもめったに見られない。あれほどたくさんいたミヤマシジミも、田んぼの畦の生息地は数か所しか残っていない。まるで夢を見ていたような気さえする。あのころは、人間が作りだした「ほどほどに撹乱を受けた環境」の中で、草原性のチョウと私たちが共存していた。いまの故郷の家の周りは、残念ながら「ほどほど」を逸脱し、人間が便利に暮らすためだけの無機的な空間に変質してしまったようである。せめて残されたミヤマシジミの生息地だけは何とか維持していきたいものである。

減り続ける生き物たち

Ⅲ：熱帯林、渡り鳥…

森林が消えてゆく

熱帯林は生物の種数が非常に多い。生物多様性という用語の生みの親であるアメリカのエドワード・ウィルソンらの調査によると、アマゾン川流域のたった一本の樹から、四三種ものアリが見つかったらしい。これは、イギリス全土に棲むアリの種数とほぼ同じ数字である。また、熱帯林で植物の調査を行うと、同じ種の植物を見つけるのに苦労するほど種が豊富であるという。近所の雑木林では、二〇種も樹の名前を覚えれば、大半の名前は当てられるのとは大違いである。もちろん、熱帯林にはまだ未発見の植物や昆虫はいくらでもいる。日本で未発見の樹が見つかることは、ほぼありえないのに。

ところが、熱帯林は二〇世紀後半になって急速に減少してしまった。〔図3－1〕はその一例で、インドネシアのスマトラ島の森林の変化を示している。一目でわかるとおり、恐ろしいスピードで減少している。この二二年間に面積が約半減、一年間に千葉県一個分の広さの森林が消えている計算になる。当然のことながら、そこに棲む無数の動物たちもほぼそっくりそのまま減っていると考えてさしつか

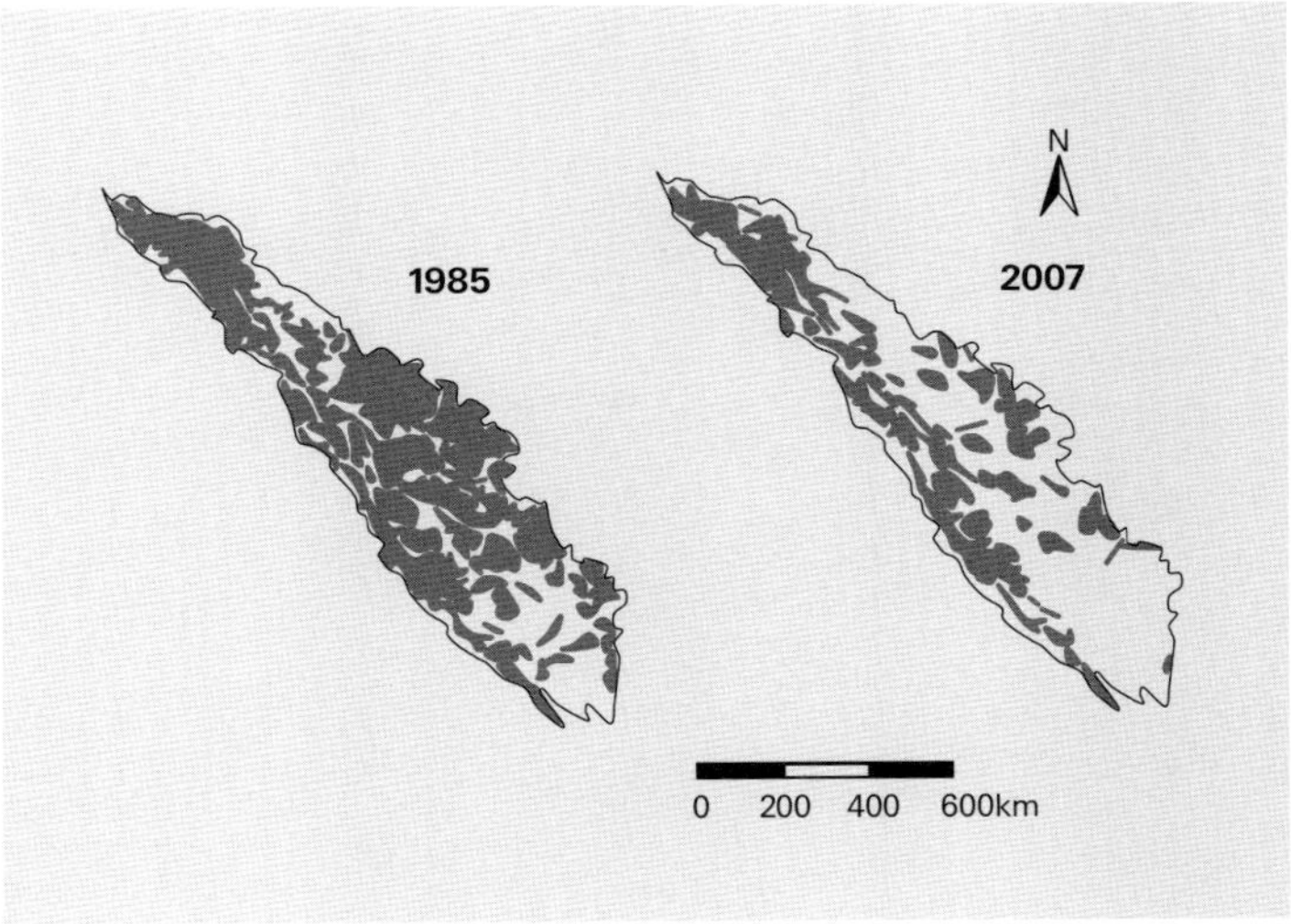

［図3−1］▶インドネシアのスマトラ島における森林の減少
濃い部分が森林。1985年の森林面積は、2007年にはほぼ半減している。Laumonierら（2010）より描く。

えない。スマトラ島はトラやサイなど、マレーシアやインドネシアの他の島では、ずいぶん前に絶滅または激減してしまった大型野生動物の宝庫であるのに。

人間による熱帯林への負荷

では、だれが熱帯林を減らしているのだろうか？　もちろん、地域の住民がさまざまな生活の糧に森林を伐（き）りとり、燃料にしたり、農地にしたりしているのは間違いない。だが、問題はそれだけではない。いわゆる先進国の人々が、熱帯林を食い物にしている現状は相当以前から指摘されている。

私たちが何気なく使っている石鹸は、熱帯林を切り拓いて栽培されているアブラヤシに由来する。紙も熱帯林の木材が原料とされていることが多い。使い古されては大量に燃やされている車のタイヤも、熱帯林を切り拓いて作ったゴム園に由来している。ハンバーガーの肉も、南米の熱帯林を切り拓いて作った牧場に由来するものが多い。

木材の取引データをもとに、各国がどれほど熱帯の国々に負荷を与えているのか計算した結果がある。それによると、アメリカと中国、そして日本が突出して森林面積の減少に関与しているらしい。日本は中国よりも一桁人口が少なく、アメリカの半数の人口しかいないことを考えると、国民ひとりあたりの熱帯林への負荷は両国よりも大きくなる。その反面、日本は自分の国の森林はそれほど減らしていない。日本は先進国のなかでは森林が多くて美しい国だと自慢する人もいるが、それは熱帯林の犠牲の上に成り立っていることを忘れてはならない。

渡り鳥の姿がない

熱帯林の減少は、身近な自然にも見てとれる。春になると東南アジアからわたってくる渡り鳥がその好例であろう。ある研究によると、東南アジアで越冬し、日本で繁殖する夏鳥とよばれるグループは、一年中日本にいて繁殖するグループよりも分布域が減少しているという。

私にも大いに心当たりがある。昔、まだ小学生のころ、故郷の家の前の電線には春になるとクロツグミという夏鳥がやってきて盛んに早朝からさえずっていた[写真3－8]。キョロン・キョロン・キョロン・ピーコロ、といった鳴き声で、夜明けの象徴でもあった。家から離れた小学校の桜の木の下でも、落ち葉をひっくり返しては、ミミズなどの土壌動物をあさっているのをよく目にした。家の近所にたまたま特定の個体がいたのではなく、あちこちにクロツグミがいたようだ。だから子供心に、クロツグミはスズメやヒヨドリなどに次ぐ普通種だった。中学生になって夕方に英語の塾に通うようになると、ねぐらに帰るクロツグミが、さえずりとは打って変わった低音（キョキョキョキョキョ）を発しながら低空飛行していく姿を何度も見た。だが、高校生になると身近からはほとんど姿を消した。

急に近所の森がなくなったわけではない。ほぼ同時期に、近所の家で巣を作っていたコムクドリも、家のクロマツの木で巣を作ったことのあるアカモズもまったく見なくなった。当時は何故かよくわからなかったが、いまでは一九七〇年代の熱帯林の減少が原因ではないかと考えている。スマトラの森林減少のタイミングとは合わないので、インドシナ半島など、早くからの開発で森林が減った地域で越冬していた鳥たちだったのだろう。

木材認証制度という方法

もちろん、こうした熱帯林の減少は、何の手立てもなく放置されているわけではない。国が木材の輸出を禁止したこともあるが、それでは地域経済に対する影響が強く、限界があった。また保護区を設けて森林破壊を厳しく取り締まっているが、人口や経済問題を抱える途上国では、それも一定の効力しか持たない。

むしろ、上手に木材を生産し、消費する方途を探ることが重要である。たとえば、第三者機関による木材認証制度がその一つである。第三者機関が、環境に配慮した木材生産を行っている地域から生産された木材やその製品を認証し、ラベルをつけて流通させるという制度である。食の安全安心や環境保全をうたった認証米と似たような発想で、賢い消費者であればそれを有効に利用することができる。そのうえ、企業のイメージアップや売り上げアップにもつながる可能性がある。

だが、環境に配慮した木材生産にはコストがかかる。森林を大面積に伐採する方が効率的だし、伐採地を植林するのはその分の費用がかかる。だから、すべてが順調にいっているわけではない。社会

［写真3−8］▶春先に枝の上でさえずるクロツグミのオス
1970年代後半、急に私たちの身近から姿を消した鳥の一つ。写真は2013年5月、軽井沢野鳥の森、小瀬林道で。 撮影＝maruyama

のしくみや消費者の意識改革が必要である。熱帯林に過大な負荷をかけている日本が、まずその範を示すべきではないだろうか。

増えすぎた生物

1：野生動物

シカ、イノシシ、サル…による食害

多くの生物が減少の一途をたどるなか、最近とみに数が増えている生物がいる。これだけを聞くといっけん喜ばしいことに思えるが、実はそうでもない。何事も過ぎたるは及ばざるがごとしである。シカやイノシシ、サル、クマが農作物を食い荒らしたり、ときには人に危害を加えたりというニュースは、いまでは珍しくない。だが、これは比較的最近になって起こり始めたことである。

高校卒業まで、つまり昭和五〇年代の初めまで長野県飯田市に住んでいた私は、都会人よりも野生動物の近くにいたはずである。しかし、山手でクマが出没したから注意しろというニュース（有線放送も含む）が、せいぜい年に一度流れる程度であった。山作業の人がサルの群れに囲まれて石を投げつけられたとか、カモシカが植林したばかりの苗木を食べて困る、といった噂話は耳にした。だが、基本的に野生動物は遠い世界の存在で、シカにいたっては話題にすらのぼらなかった。

ところが、いまでは天竜川以東の南アルプスの周辺ではシカがものすごく増えて、ササが食いつく

され、高山帯のお花畑も危機的状況にあるらしい。天竜川西岸の中央アルプス沿いの地域でも徐々に増えているようだ。

私がいま住んでいる千葉県では、江戸時代末期までシカやイノシシが平野部にもいたらしい。まだオオカミさえいたのだから、当然といえば当然である。だが明治以降、シカもイノシシも急激に姿を消した。太平洋戦争後にはイノシシは絶滅し、シカも南房総の山地に数十頭が残るだけとなった。ところが、一九七〇年後半からシカは徐々増えはじめ、一九九〇年代になると農作物被害も顕著になり、有害駆除も始まった。

南房総の清澄山には、東大の演習林という大学が管理する広大な森林がある。ここでは森林にかかわるさまざまな研究が行われていて、私も卒論の調査で一九八二年の四月から一〇月まで毎月演習林に通った。この間、一〇月に一度だけシカの鳴き声を聞いたが、姿はおろか、シカの糞や植物上に残された食べ跡さえも見たことがなかった。ところが一九九〇年前後になると、林内や林道沿いでシカが頻繁に見られるようになり、好物のアオキは食べつくされて見つけるのも困難になった。さらに、シカに寄生する吸血性のヤマビルも爆発的に増え、三〇分も山を歩けば体がヒルだらけになる有様だった。

生態系の土台さえ危ない

ヤマビルに吸われるとすぐには血が止まらず、靴下やズボンが血で染まる。感染症などの付随した害はないのだが、生き物好きの私でさえも不快なこと極まりない。シカは二〇一〇年時点で、房総半島の約三分の二の地域に分布が広がり、生息数は六千頭にも達しているようだ。わずか四〇年ほどで、数が百倍にも増えた計算になる。

シカの増加は、いまや生物多様性や生態系に大きな脅威となっている。南アルプスをはじめ、八ヶ岳、日光、尾瀬などでは、希少な高山植物を減少させている。また屋久島では、島固有の貴重な植物がシカによって絶滅の危機に瀕している。せっかく国立公園や世界自然遺産[★08]に登録されても、これではだいなしである。

さらに、生態系の土台をも揺るがしかねない事態も起きている。森林の地表を覆っていた植生がシカに食いつくされると、大雨で土壌表面の落葉層が流されて地面がむき出しになる［写真3－9］。ここにさらに大雨が降ると土壌の深層部も浸食され、土砂崩れが起きることもある。こうなると、ヒルが不快どころの話ではない。国土保全上の問題になりつつある。

林縁ではシカの妊娠率が高い

シカの増加は北海道から屋久島まで、全国でほぼ時を同じくして起きている。その理由はいろいろ挙げられている。天敵であるオオカミの絶滅は百年も前だから直接原因ではないが、狩猟が減ったこと、スギなどの若い造林地が増えて餌条件が向上したこと、人が山間沿いの農地の耕作を放棄したこと、などが有力視されている。

私たちが房総半島で行った研究によれば、林縁が多い場所でシカの妊娠率が高くなることがわかった。林縁とは、農地や林道、伐採地などの開放環境と森林が接する境界部分のことである。森林ばかりで林縁がほとんどない場所に棲むメスジカは、妊娠率が五〇パーセント程度であるが、林縁が十分ある場所では、ほぼ一〇〇パーセントに達していた。シカの密度が高い地域では、林内の草や低木は食いつくされ壊滅状態となるが、林縁や開放地には光が十分降り注ぐので、餌植物が豊富にある。シカは林縁にある豊富な植物を求めて、森の中から現れる。とくに人の活動が低下する夕方以降に、開放環境で餌を食べている姿がよく見られる。

ここで一つの疑問が生じる。現在のシカの高い妊娠率を林縁環境が支えているとしても、それが過去のシカの増加の原因であったかどうかである。これには明確に答えることはできないが、少なくとも一九七〇年以降に開放地である農地が急激に増えたとか、伐採地が急激に拡大したという証拠はない。ただ、農業従事者が年々減り続け、山間の水田などで耕作放棄が進んだのは、一九七〇年代以降のことである。その背景には、人口の都市への流出や米の減反政策があったことは周知のとおりである。林縁とそれに続く開放地は以前から存在していた。だが、とくに山間部を中心に農業活動が低下

[写真3−9]▶シカによって裸地化した森林の内部

大きなアカマツが松くい虫で倒れた明るい場所(上)でも、林床の植生はシカに食いつくされ、シカが嫌いな植物がまばらに生えている程度である。兵庫県豊岡市。

下の写真は千葉県清澄山。シカが入れない柵が施されている。柵の内部(右上)と外部(左下)の林床植生の違いがよくわかる。

し、それが原因でシカが開放環境に出没しやすくなり、シカの栄養状態と妊娠率が向上して数が急激に増えてきた、という一連の因果の流れはきわめて自然に思える。

耕作放棄地に増えるイノシシ

房総ではイノシシも急増している。先ほど述べたとおり、イノシシはいったん絶滅したが、一九八〇年代あたりに誰かが再導入した個体が増え続けているらしい。

イノシシはシカよりも後から分布を広げたが、いまではシカより広範囲に分布している。シカは年にせいぜい一頭の子しか産めないが、イノシシは三～五頭も産むことができる。だから増殖率は半端ではない。またイノシシはシカより力が強く、農地の周りを柵で囲っても壊して侵入することもあるので、農業被害も甚大になる。

私たちは、イノシシについても増加要因の分析を行った。その結果、耕作放棄地[★09]の面積が広い市町村ほど、イノシシの増加率が高いことがわかった。耕作放棄地はシカ同様、イノシシにとっても好適な餌場となっているのだろう。イノシシの場合、シカよりも作物被害の度合いが甚大で、被害防止の対策にも手間暇がかかる。だから人手の少ない地域ではイノシシの被害が、さらなる耕作放棄を誘発し、イノシシをさらに増やすという悪循環が生じている可能性が高い。こうした悪循環は、いったん起こりだすと、よほどのことがない限り止まらない。だから、増殖力の高いイノシシを少しくらい駆

［写真3−10］▶放牧が行われている耕作放棄地
放棄されて5年近く経過しているが、ウシやヤギの採食で草丈は低く維持されている。滋賀県甲賀市。

除しても、問題解決にはなかなか至らないのが現状である。

そうしたなか、最近になって面白い取り組みがあることを知った。滋賀県のある山村では、耕作放棄地にウシやヤギを放して、イノシシなどの野生動物が近づきにくい緩衝帯を作り、農業被害を軽減しているのである[写真3-10]。おそらく、家畜が草を食べて見通しがよい環境を維持していることに加え、人間が家畜の面倒をみるために出入りすることで、野生動物の心理的脅威になっているのであろう。これがイノシシの密度の増加を抑えているかどうかはわからないが、生態学的な知見をうまく活用したたいへん興味深い知恵であり、他の地域でも広がりを見せている。

増えすぎた生物

❶・外来種

生物多様性「第三の危機」

シカやイノシシなどの野生動物と並び、増えすぎて問題になっている生物がいる。もともと日本にはいなかった「外来種」（あるいは外来生物）とよばれるグループである。一般には、明治以降に海外から入ってきた種をそうよんでいる。一方、外来種に対して、もともと日本にいた種を「在来種」という。

外来種が引き起こす問題はいろいろあるが、とくに深刻なのが、在来の生物多様性に与える影響である。環境省が作成した「生物多様性国家戦略」[★10]のなかでは、生物多様性の「第三の危機」として外来種の影響が取り上げられている。世界的に見ても、いまや生息地の劣化や破壊、過剰な採取と並ぶ悪名高き要因となっている。

外来種の凄まじい影響を二つほど紹介しよう。グアム島には太平洋戦争後、荷物に紛れ込んでミナミオオガシラという大型の蛇が侵入した。天敵の少ない島で増殖したミナミオオガシラは、二〇年ほどの間に、在来の鳥類の多くを激減または絶滅させてしまった。また、アフリカのビクトリア湖には、そこにしか生息しない三五〇種ものカワスズメ科の固有種が棲んでいたが、人間が食用目的で湖に放したナイルパーチという大食漢の肉食魚により壊滅的な打撃を受けた[写真3－11]。一説には、二百種近くが絶滅したとされている。これらは、教科書や映画などでも紹介される例であるが、私たちの身近でもそれに近いことが起きている。

日本のため池は生物の宝庫

日本には農業用のため池が各地に点在している。海外の人にはすぐには信じてもらえないのだが、日本のため池は希少な昆虫、魚、水生植物の宝庫である。人間が造った生態系ではあるが、数百年から千年以上の歴史があり、その環境にうまく適応した生物が数多くいるからだ。

ところが、いまのため池でその面影を見ることはそうとう難しくなってしまった。ため池が潰されたり、汚染されたりといった直接的な理由もあるが、それ以上に外来種による影響が深刻である。アメリカザリガニ、オオクチバス、ブルーギル、ウシガエル、ミシシッピーアカミミガメなど、アメリカ合衆国から導入された生物が大半を占めている。もちろん、外来種が在来種と平和に共存できれば問題は起きないのだが、実際は在来種を食いつくしてしまうことが多い。

私たちは、埼玉県の滑川町周辺に点在するため池で外来種の影響を調べたことがある。オオクチバスやブルーギルがいるため池では、モツゴ、ヨシノボリ、スジエビ、トンボ類といった在来種はわず

［写真3-11］▶エジプトのアスワン・ハイ・ダムで釣り上げられたナイルパーチ
全長175センチ、重量63キロ。ナイル川の源流、ビクトリア湖にナイルパーチを放したのは、ゲームフィッシングおよび食用のためだった。 撮影＝渡部和石

かしか発見できず、外来魚がいないため池と比較するとその差は歴然だった。こうした外来魚による影響は、ため池だけでなく、琵琶湖や霞ケ浦のような大きな湖でも起きている。

生態系エンジニア：アメリカザリガニ

アメリカザリガニ（以下、ザリガニ）は子供たちの人気者で、いっけん愛嬌のある生き物だが、じつは非常に問題多き外来種である［写真3－12］。ザリガニが侵入した池では、ベッコウトンボやシャープゲンゴロウモドキなど、第一級の希少生物が激減ないしは絶滅した例もある。

ザリガニが厄介な理由は、単に在来生物を食べることだけではない。ハサミを使って水草を切りまくり、ため池から消滅させてしまう。水草を切るのは食べるためではないので、専門家のあいだでもその理由が謎だった。ところが最近の私たちの研究により、どうやら自身の餌を発見しやすくするための行為であることがわかってきた。水草の量とザリガニの餌捕り効率には反比例の関係があり、水草が少なくなるとザリガニの成長が良くなることが確かめられたからだ。ザリガニは水草を「除草」し、自分にとって都合のいい環境に変えていたのである［写真3－13］。見た目は賢そうに見えないが、ずいぶんしたたかな生き物である。このように、自分で環境を物理的に変えてしまう生物は、「生態系エンジニア」★11とよばれている。

他には、ビーバーが川沿いの木を切り倒してダムを造り、自分にとって暮らしやすい環境を整えて

［写真3−12］▶水草の茎を切断するアメリカザリガニ

著者の研究室の学生が、水草を切っているアメリカザリガニを見つけて撮影した。ザリガニの背中には個体識別用の番号が記されている。 撮影＝西川知里

［写真3−13］▶ため池の変貌

アメリカザリガニの侵入後に変貌したため池（下右）。左は侵入前。水草が豊富に繁茂し、シャープゲンゴロウモドキも多数生息していたが、数年後にはいずれも姿を消した。石川県金沢市。 撮影＝西原昇吾

いる例が有名である。もちろん、ザリガニによる環境の「エンジニアリング」は、元来ザリガニのいなかった生態系にとって大きな痛手となる。水草は水生昆虫や小魚などの隠れ家や産卵場所にもなっているからだ。ザリガニは在来種の生活基盤を根本から破壊しているのである。

ザリガニは、もともとウシガエルの餌として日本に持ち込まれた。そのウシガエルは食用ガエルともよばれ、食糧難の時代は日本人もけっこう食べていたようだ。以前は渋谷あたりの居酒屋でも「カエル」としてメニューに出ていた。

ウシガエルはその名のとおり、太く唸るような声を出す巨大なカエルで、その声を一度聞いたら忘れることはない。他のカエルや昆虫など、口に入るものは手当たり次第に食べるので、ウシガエルが定着したため池では、在来のツチガエルなどの両生類や水生昆虫がほぼ消滅してしまう。ザリガニよりも移動能力に優れているらしく、山間の孤立したため池でも時に見かける。これまた厄介な外来種である。

外来種の駆除は、柔軟な発想で

外来種が同じ生態系でひしめいていれば、それらのあいだで何らかの関係があるはずだ。実際、ウシガエルの胃の内容物を調べるとザリガニが頻繁に見つかるし、オオクチバスの胃の中からもブルーギルやザリガニが見つかる。在来種がすでに姿を消しかけているのだから、外来種どうしが食いあってことがある。

いるのは不思議ではない。こうした状況下で、特定の外来種だけを除去すると、思わぬ結果が生じることがある。

以前、埼玉県のため池でオオクチバスの除去が、ため池の生物相をどう変えるか調べたことがある。在来のモツゴやヨシノボリが増えたまではよかったのだが、外来のザリガニも急増してしまった。それが原因で、ヒシ（水草の一種）が消滅し、ヒシを産卵場所にするイトトンボが激減してしまった。ある外来種の除去が、別の外来種の増加を招き、新たな別の問題を引き起こしたという事例である。こうした皮肉な結果は、複数の外来種が蔓延している太平洋の島々でもよく知られている。

外来のヤギやブタを駆除したところ、外来のつる植物が大繁殖したとか、外来のネコを駆除した後に、外来のクマネズミが増えすぎたといった例である。どの生物が、どの生物の増加を、どの程度抑制しているのか、事前に察知することは不可能ではないが、そう簡単なわけでもない。肉食動物にしても、草食動物にしても、特定の種だけを餌にしていることは稀だからである。事前にくわしい生態調査をするとともに、まず駆除を試行的に行ってその結果をチェックし、後の駆除対策に生かしていくという柔軟な発想が求められている。

ところで、私が住んでいた飯田の家の近くにもため池があった。小さいころは親に怖い話を聞かされたりして近寄れなかったが、中学校の後半になるとトンボを採集によく出かけるようになった。周囲を田んぼや人家に囲まれたため池で、見た目によい環境には思えなかったが、図鑑で見たいと思っていた種がたくさんいることがわかって、驚きの連続であった。正確には覚えていないが、数年間で三〇種以上のトンボを目撃した。長野県では他に確実な産地が一か所しかなかったマダラヤンマも毎年少数ながら発生していた。そのため池は外来種に侵食される前に、残念ながら埋め立てられてしまった。だが、もし埋め立てられなくても、やがてオオクチバスやザリガニが侵入し、結局、同じ運命をたどったのではないかと思う。

増えすぎた生物

Ⅲ：共通するしくみ

「数が増えたまま減らない」性質

一般の人にはあまり知られていないが、外来種と増えすぎた野生動物では研究ジャンルが違うようで、研究者の顔ぶれはほとんど重複しない。だが、生き物にとってそのような区分けは無意味であり、両者に共通する「数が増えたまま減らない」という性質には、共通したしくみがあるはずだ。幸い、私はこの二つの研究テーマを扱ってきて、これまでもいろいろと考えをめぐらしてきた。ここではまとめて考えてみよう。

まず単純に考えると、数が増えすぎる事情は、天敵が少ないことと餌が豊富なことの二つに集約される。外来種は侵入先の生態系では新参者だから、有力な天敵がいないことは想像に難くない。また野生動物の増加も、天敵による抑止力の低下、つまりオオカミの絶滅や人間の狩猟の減少でタガが外れてしまったことは間違いないだろう。だが、ある生物の数が増えれば、その餌は減るはずである。シカが増えすぎた地域では、森林の林床にシカの餌となる植物はほとんどなくなっている。アメリカザリガニが高密度にいるため池では、ザリガニが好む水生昆虫はほとんど見られない。だがシカやザリガニは、いっこうに減る気配はない。野生動物や外来種を支える「減らない餌」が何なのか、なぜ減らないのかについて考えてみよう。

野生動物にとっての減らない資源

シカが林縁の多い環境で妊娠率が高まること、それは開放環境で豊富にある餌植物に支えられていることは、すでに述べたとおりである。森林の内部は薄暗いので、いったん草や灌木を刈り取ってしまうとそう簡単には回復しない。いっぽう、田んぼの畦や道路沿いの草地は、刈り取っても数週間もたてば草丈が回復する。だからシカにとって、林縁から続く農地や伐採地はまさに食いつくしの起こらない餌場と言える［写真3―14］。

くわえて、開放環境には質の良い餌も多いようだ。私たちが房総半島で行った調査では、林縁が広がる地域で見つかるシカの糞には、窒素が多く含まれていた。草食動物にとって、炭水化物は植物からいくらでも摂取できるが、窒素化合物であるタンパク質は不足しがちである。野菜は肉よりもタンパク質がはるかに少ないことを考えれば、すぐに想像がつくだろう。おそらく、開放環境では植物の種類も豊富なので、シカは質の良い餌を選んで食べることができるのだろう。

耕作放棄地が多い地域でイノシシの増加率が高いのも、おそらく同じしくみである。一般の印象か

［写真3−14］▶野生のニホンジカ
明るい林の縁で餌の植物を食べている。近くの農地などは、シカにとっては絶好の餌場となる。 撮影＝浅田正彦

らすれば、シカやイノシシは、農地や原っぱの動物ではなく、森の動物である。この印象は間違いではない。だが、それは人や車の通行の多い日中に森に隠れているからである。夕方になると開放環境に出てきて、減らない餌を好きなだけ食べることができる。

外来種にとっての減らない資源

数が増えても減る気配のない外来種の場合はどうだろうか。私たちが調べてきた事例をもとに考えてみよう。

関東地方のため池には、ほぼ確実にアメリカザリガニとウシガエルが棲んでいる[写真3－15]。だが、ため池には餌になりそうな水生昆虫や両生類は、すでに食べつくされてわずかしか見つからない。魚はいるかもしれないが、ザリガニやウシガエルは元気な魚を捕えるほど器用ではない。

もう一〇年以上前になるが、埼玉県のため池で調査していたころ、私たちは周辺の雑木林から流入してくる落ち葉がザリガニを支えているのではないかと考えた。ザリガニは動物質の餌が好物だが、落ち葉も粉々に砕いて盛んに摂食することがわかっていたからである。これを証明するため、生物体に微量に含まれる炭素と窒素の安定同位体[★12]という物質を分析してみた。その結果、ザリガニの体は、ため池に棲むユスリカや魚ではなく、その大部分が落ち葉、またはそれに付着している微生物や藻類に由来していることがわかった。落ち葉は毎年秋になると、周囲の雑木林から大量に流入してくる。

［写真3−15］▶ため池に棲むウシガエル

食用ガエルとも呼ばれるウシガエルは、人間の手のひらよりも体が大きい。 撮影＝小林頼太

［写真3−16］▶ウシガエルがアメリカザリガニを吐き出した

外来種が外来種を食っている典型例である。 撮影＝小林頼太

もちろん、ザリガニがため池内の落ち葉をいくら食べても、翌年の流入量が減ることはない。栄養面からいえば、昆虫のような動物質のほうが優れているが、質の悪さをカバーできるだけの十分な量があるに違いない。

外来種が外来種を餌にする

ウシガエルはそのザリガニを頻繁に食べているようで、胃が大型のザリガニでパンパンに膨れ上がっていることもある［写真3－16］。そもそも、ウシガエルの餌用にザリガニが日本に持ちこまれたのだから当然であろう。ただし、ウシガエルがザリガニを激減させるほどの効果はない。ザリガニはふだん水底にいるので、水面近くに上がってきた個体のみがウシガエルの餌食になっているに違いない。

もう一つ注目すべきは、ウシガエルの胃のなかに、さまざまな陸上の昆虫が含まれていることである。バッタ、ガの幼虫、時にはスズメバチといった、およそため池の生物とはいえない餌が見つかる。昼間は池でじっとしているが、夜になると水面を離れて、近くの草むらや林に遠征して餌を食べているに違いない。池の面積に比べて、周辺の陸の面積は無限大といってもいい。だから、陸でいくら餌を食べても、餌はそう簡単に減るはずはない。ウシガエルも、やはり減らない餌に支えられているようだ。

遠因は共通して「人間活動の低下」

野生動物であるシカやイノシシと、外来種であるザリガニやウシガエルは、どれも動物という以外に、いっけん何の共通点もなさそうに思える。生活場所も、類縁関係も、専門家の研究ジャンルも違う。だが、両者ともに生態系に大きな影響を与えるほど数が増えているのに、いっこうに減る気配がないという点において、大きな共通点がある。ここで紹介した減らない餌の正体こそが本質的な共通点といえる。だが、それ以外にも重要な共通点がある。シカやイノシシにとって好適な開放環境、すなわち農地や伐採地、道路は、人間が作りだした環境で、そこを野生動物がどの程度利用できるかも人間活動の多寡が影響している。つまり、人口減少や農業活動の低下が、野生動物の増加の遠因といえる。

いっぽう、ため池の周辺の雑木林は、長年にわたって薪や堆肥のための落ち葉の採集場所だった。また、ため池そのものも定期的に水を抜いて、底に堆積した落ち葉などの有機物を外に持ち出して維持されてきた。いまでは、雑木林もため池も放置され、林は茂り放題、ため池には落ち葉がたまり放題になっている。つまり人間活動の低下が、ザリガニが大繁殖し続けることができる場を提供しているといえる。当然、ザリガニを好物にしているウシガエルにとっても天国のような環境である。

根本原因の究明を

本来、野生動物と外来種では、管理の目的が異なっている。在来種である野生動物は、適正な密度に維持・管理していくことが目標になるが、外来種は可能な限り根絶を目標にする。だが、減らない餌を放置したままで、狩猟や駆除だけで管理目標を達成することは、原理的に困難なはずである。その点、一二二ページに紹介した耕作放棄地での放牧は、ある意味で根本原因にメスを入れる画期的な試みの一つである。

また、ベッコウトンボの貴重な生息地である静岡県の桶ケ谷沼では、ため池周辺の樹木の間引きが試行的に行われているが、これがザリガニの餌を減らす一助となるかもしれない。もちろん外来種の場合、減らない餌が何であるかはケース・バイ・ケースであるが、必ずカギとなる餌資源があるはずだ。こうした根本原因の究明に生態学的な視点が役立つはずである。それが特定できれば、あとは地域の実情に応じて具体的な知恵を出していけばよいのではないだろうか。

第4章　対策と治療

生物多様性を守る自然公園

高山蝶の保全

「自然保護」という言葉が流行ったのは、私が小学校高学年から中学のころ、つまり一九七〇年代初頭だったと思う。四日市ぜんそくや水俣病、イタイイタイ病などの、いわゆる四大公害訴訟が世間の注目を集め、いまの環境省の前身である環境庁が新設された時代である。北海道の知床や利尻、小笠原、西表島など、いまではよく知られる地域に国立公園が造られたのもこのころである。国立公園や国定公園などの自然公園は、自然保護の象徴でもあった。いまでは、ラムサール条約[★13]で指定された湿地や世界自然遺産など、他の保護地域もあるが、それでも面積的には自然公園には遠く及ばない。

自然公園というと、一般にはタンザニアのセレンゲティや、カナダのイエローストーンといった大自然が思いうかび、野生動物の楽園というイメージが強い。だが、日本の場合はもっと小ぶりであり、歴史的にみると、人間が見た目で美しいと感じる自然、つまり景勝地を対象として指定されてきた。おもに高山や高原、湿原などの原生的な自然が選ばれていて、観光資源的な色彩も強い。そうした場所には、当然たくさんの貴重な生物が生息している。なかでも、高山蝶はその代表例であろう。

昭和四〇年代前半には、すでに北海道の大雪山や長野県の上高地で高山蝶の採集が禁止されていた。ウスバキチョウなど何種類かは国の天然記念物に指定されていたこともあるが、その場所で動植物を採集すること自体が禁止されていた。だが、そのころはまだ特別な場所以外では、高山蝶を採ることができた。一九七一年に刊行された『新しい昆虫採集案内』という本にも、南北アルプスをはじめ八ヶ岳や中央アルプスで、各種の高山蝶が「採れる」と紹介されている。ところが、その数年後には、長野県の文化財保護条例で、高山蝶一〇種すべてが採集禁止となった。

一九八一年に刊行された『信州の昆虫』というガイドブックでは、高山蝶は採集禁止であることが明記され、「観察」という言葉に置き換わっている［写真4－1］。

当時の私にとって、全面的な採集禁止はやや衝撃的ではあった。多くの昆虫少年と同様、採集をとおして自然の美しさや素晴らしさを体験してきたからである。だから、昆虫採集そのものを悪とする融通の利かない原理主義的な保護論者は好きではなかった。だが虫屋のなかにも、標本箱ひと箱、珍種で埋めないと気が済まない、悪質なマニアがいることも事実であり、保護論者の主張も一理あったと思う。いずれにせよ、このころを境に、日本でも昆虫を保全するという機運が急速に高まっていった。

希少種の採集禁止の措置は自然の成り行きであり、いま思うと英断であった。その甲斐あってか、つぎに紹介するシカ問題が起こるまで、高山蝶の保全は功を奏してきたことは確かであろう。ただし、いまだに国立公園であっても、特別保護地区の外では、動物の採集はごく一部しか禁止されていない。多くの場合、地方自治体が定める条例が、それを補完しているのが現状である。

里山の重要性

高山植物や高山蝶が棲む国立公園では、最近別の問題が起きている。シカが高山帯に進出して高山植物を食い荒らし、高山蝶も減少しているという新たな危機が発生しているからだ［写真4－2］。人の行動は法律で規制できても、野生動物の行動はそう簡単に規制できない。人里に近い場所で増えたシカが、温暖化で高山帯にまで勢力を拡大しているというのが大方の見方である。北アルプスなどの多雪地帯以外では、今後こうした脅威は広がるいっぽうだろう。保護区の生物を守るには、その中でシカの数を減らすだけでなく、増加の元凶となっている低標高地域での管理も重要になってくる。中部山岳のシカは、低標高地と高山帯を季節的に移動しているからである。生態系のつながりが裏目にでた典型例であり、ほんとうに厄介な問題である。

これまでの保護区にはもう一点、重要な問題、というか限界がある。自然公園は、元来、風光明媚な景勝地や原生的な自然を対象に指定されてきた経緯があり、生物の多様性を万遍なく保全するために設けられたものではない。そうした場所にも希少な生物はたくさんいるが、もっと人間臭い環境、つまり低地の草地や湿地に依存してほそぼそと暮らしている希少種が少なくない。すでに本書で紹介

[**写真4—1**(**下**)]▶**1981年に「松本むしの会」から刊行されたガイドブック**
長野県の昆虫の好観察地で、いつどんな種類の昆虫が見られるか、解説されている。表紙はコマクサで吸蜜するミヤマモンキチョウ(高山蝶)。

[**写真4—2**(**上**)]▶**シカによる高山生態系の変容**
南アルプス三伏峠付近から塩見岳方面を撮った写真(左:1998年、右:2007年)。ほぼ同じ位置から撮った写真であるが、手前の花畑が消滅している。 撮影=梶光伸(左)　小林正明(右)

してきた、草原性のチョウや植物、湿地性の両生類や水生昆虫、鳥類はその例である。私たちは、鳥類の全国の分布データを使って、現在の保護区を拡大する場合、新たにどこを優先的に選んだらよいかという解析を行った。その結果、多くの種を守るため、これまでのような原生的な自然ではなく、関東平野や仙台平野、十勝平野などのあちこちで、人間生活と関連深いモザイク状の環境が選ばれてきた［写真4－3］。いわゆる里地や里山に、かなり多くの「保護区候補地」があることが科学的にも裏づけられたと言える。

こうした地域に棲む生物は、国立公園のように人間活動を厳格に規制することで守る、という発想はなじまない。里山をトップダウン的に自然公園にすることは現実的ではないうえに、そもそも生き物豊かな水田や草地、雑木林を維持するには、適度な人手が必要だからである。そのためには、地域の人たちが中心となり、私たちの祖先が培ってきた伝統的な農林業を参考に、持続可能な営みを復活させる必要がある。

「土地スペアリング」と「土地シェアリング」

最近、海外でも似たような議論が活発である。土地を人間活動の場と保護区にはっきり分けて管理するのか、それとも人間と生物が同じ場所で共存できる環境を造るのか、というものである。前者を「土地スペアリング」、後者を「土地シェアリング」という。スペアは区分け、シェアは共有の意味である。

［写真4–3］▶**都市近郊（千葉県佐倉市）の里山の景観**
雑木林、水田、畑、河川などがモザイク状に広がっている。こうした環境には、国立公園内ではあまり見られない希少種が数多く生息している。 写真＝国土画像情報（国土交通省）より。

もちろん、ゴールは人間社会と生物多様性の共存を目指してはいるが、具体的な手段が違う。ここでいう人間活動の場は、おもに食料や燃料などを生産する農林業を想定している。地球規模での人口と食料需要の増加が見込まれるなか、どのような国土のグランドデザインが望ましいかについての二つの対立軸ともいえる。

日本の場合は、「土地スペアリング」と「土地シェアリング」の双方が重要であり、それぞれ別個のタイプの生物を保全するのに役立つはずだ。高山蝶やブナの原生林に棲むクマゲラ、シイの大木が必要なヤンバルテナガコガネなどは、開発を厳格に規制した保護区の設置（土地スペアリング）が必要だが、草地性のチョウや湿地に棲む昆虫、両生類などは、環境に優しい伝統的な農業の営み（土地シェアリング）が有効だろう。だが、熱帯雨林が広がる地域では、おそらく「土地スペアリング」の方がはるかに重要だろう。日本のようなモザイク性の高い環境はもともと少なく、人手が入った環境に依存した生物は、はるかに少ないと思われるからだ。

人間による開発や利用を制限した保護区でどれだけ生物が守られるのかは、地域の社会情勢はもちろん、長い年月をかけて形づくられてきた地域の自然環境の「歴史」に依存していると言えよう。

生態系の治療

Ⅰ：トキの野生復帰

自然は一度完全に失われれば取り戻すことはできない。また、生物の種も一度地球上から絶滅すれば、いかに進化の力をもってしても復元することはできない。人間は死んだら生き返らせることができないのと本質的には同じである。だが、いまはまだ諦めることはない。完全に絶滅した生物は、そう多いわけではないし、自然にもまだまだ治癒力が残されているからである。

佐渡のトキ、豊岡のコウノトリ

佐渡島トキの野生復帰は、兵庫県豊岡市のコウノトリとともに、日本を代表する生態系の再生の取り組みである。トキもコウノトリも、長年、少なくとも明治初期までの千五百年から二千年間は、日本人の農耕生活と共存してきた生物である。人間が造った水田やそれに連なる水路、草地などの複合生態系を季節をとおしてうまく利用し、また営巣場所には、これまた人間の資源採集の場であった松林や雑木林を利用してきたからである。その意味で、トキやコウノトリは、生態学的に見て人間との「共存」よりもむしろ「共生」に近い関係にあったと思われる。

トキやコウノトリにとって、水田は、両生類や水生昆虫、ドジョウ、甲殻類などが豊富で、餌の採りやすい浅い止水域である。人間の農耕の開始により、生息域が格段に広がったのではないか。少なくとも一方の種が他方の種から恩恵を受けるという意味での、「片利共生（へんり）」であった可能性は高い。

海外でも、いったん地域的に絶滅した生物を、別の地域から導入する試みは活発になっている。その際には、遺伝的にも生態的にも絶滅したもとの集団に近く、導入しても外来種のような問題を引き起こさないかどうかを慎重に見極めたうえで行われている。また、導入された個体が自力で世代交代し、長期にわたって生存できるだけの自然条件を備えているのか、また地域社会がそれを受け入れ、支援できる体制が整っているのか、といった条件も重要である。これらの具体的な基準については、国際機関であるＩＵＣＮ（国際自然保護連合）[★14]によってガイドラインが示されている。動物園に人気取りのために珍しい動物を連れてくるのとは、まったく次元が違う話なのである。

採食する環境の再生

ところで、海外では再導入（reintroduction）がもっぱら使われるが、日本では野生復帰の方がややメジャーである。また、日本では両者はほぼ同義に扱われることが多いが、基本的には再導入は手段であり、野生復帰はその結果としての定着を意味しているようである。

トキの野生復帰を成功させるには、トキを絶滅に導いた要因を取り除くことが必須である。過度の

［写真4-4］▶新潟県佐渡市の水田の刈り取り後に餌を探すトキ
トキの学名は*Nipponia nippon* 東アジアに広く分布していたが、20世紀に入って激減した。 環境省編「レッドデータブック：鳥類」では「野生絶滅」と記される。

狩猟を別とすれば、トキの餌環境が劣化したこと、つまり生態系の劣化こそが原因だったはずである。ならば、トキが採食する水田や河川などの環境を再生すればよいことになる[写真4-4]。ただ、これが一筋縄ではいかない。

水田での農薬使用が、カエル、ドジョウ、昆虫類の減少を招いたことは明白であるし、コンクリートの水路や排水装置で水を管理し、イネが植わっている時期以外は田んぼを乾かす(乾田化)ことが、上記の生物を激減させたことも想像に難くない。またコンクリートの深い水路の存在は、足に吸盤のないアカガエルやトノサマガエルにとって、別の意味で致命的である。垂直のコンクリートの水路は、ひとたび落下したら二度と這い上がることのできない「落とし穴」となるからである[写真4-5]。

しかし、こうしたいわゆる農業の近代化は、稲作を労力的・費用的に効率的に行うためには必要な措置であったはずだ。重い農業機械を使うには水田は乾いていた方がいいし、コンクリート水路は大雨が降っても崩れることがないので、修復の手間がかからない。それをいまさらトキやカエルのためにもとに戻すことに喜んで協力してくれる人は、決して多くないだろう。そうしたなかで、農家をはじめとした地域社会の協力を得るには、それなりの動機づけが必要になる。その一つが、米の認証制度である。

［写真4‒5］▶「魚道」を閉ざした水路（右）

水田と大きな段差のあるコンクリート水路。このような構造が、たとえばトキの餌となるドジョウにとっての「魚道」を閉ざし、生態系を病に陥らせている原因の一つである。 撮影＝片山直樹

［写真4‒6］▶水田の脇に作られた「江（え）」

真夏や秋〜冬にかけて田んぼの中に水がなくなっても、江には水が残っているので、カエルや水生昆虫が暮らすことができる。 撮影＝山中美優

佐渡市が実施する米の認証制度

佐渡市では農薬の使用量を半分以下に抑えることに加え、(1)冬期に田圃に水を湛える、(2)田んぼの脇に「江(え)」[写真4-6]とよばれる溝を造る、(3)田んぼと水路の間に魚道を造る、(4)通年湛水するビオトープ★15を造る、の四項目のどれか一つの取り組みを行うことで、そこから収穫された米を認証する制度を実施している。認証された米はブランド化され、通常米よりも高値がつく[写真4-7]。値段の高い米をわざわざ買う消費者はいないと思われるかもしれないが、そうでもない。トキや生態系を再生することに関心のある人たちだけでなく、最近は食の安全や安心に対する消費者の嗜好も高まっているからだ。

生産と消費、そして環境保全の三つが好循環し、その結果として地域社会が活気づくことこそがトキの野生復帰を成功に導く鍵となるのである。

ただ、そのためには科学的な達成度の評価が不可欠である。公共事業で高速道路や飛行場をせっかく造っても、利用者がろくにいないような状況では、単なる金の無駄遣いであり、事業の失敗である。それと同じように、いくら認証米制度で上記の取り組みを行っても、肝心の生態系が復元し、トキが自然界で自活できるようにならなければ意味がない。

[写真4-7]▶佐渡市における認証米のロゴマーク(右)**と袋**
「認証米の購入を通じて、トキが羽ばたく豊かな環境づくりに協力を」と呼びかけている。認証米の売上の一部は「佐渡市トキ保護募金」に寄付される。資料提供=佐渡市

だが、トキは豊かな生態系を代表するシンボルではあるが、万能ではない。たしかに生態系の高次の捕食者であり、さまざまな生物に支えられているが、餌の量（バイオマス）が多い環境が、必ずしも生物の多様性が高いとは限らないからだ。たとえば、ドジョウがやたらに多くても、他の生物が貧弱であれば豊かな生態系とは言い難い。逆の見方をすれば、トキが来ない場所が生態系としての価値が低いとも言い切れないのである。だから、トキ以外にも、水田やその周辺環境に依存する指標性の高い生物を抽出し、継続的にモニタリングしていくことが必要である。

もう二つの指標、サドガエル

幸い、佐渡には最近新種として記載されたサドガエルがいる。世界中で佐渡でしか見つかっていない種である［写真4－8］。このカエルは、平野部から里山に至る水田にところどころ分布している。他のカエルと違ってオタマジャクシで冬を越すため、乾田には生息できない。環境保全型の農業[★16]で今後分布の拡大が期待される種であり、指標としてはもってこいである。

また科学的な評価は、やり放しでは意味をなさない。地域社会はもちろん、消費者にもフィードバックするしくみを作る必要がある。認証米は環境保全をうたっているのだから、付加価値を支払った消費者にその成果を報告するのが筋であろう。そうしたフィードバックがあれば、消費者は納得して購買を継続するに違いない。いずれにせよ、自然と社会の相互作用の好循環を持続させるしくみづくりが鍵となるはずである。

［写真4-8］▶水田に生息するサドガエル
2012年に関谷國男氏らにより新種として記載されたカエル。世界で佐渡島にしか生息していない。
撮影＝山中美優

ところで、絶滅した生物を再導入することや野生復帰に否定的、ないしは冷淡な研究者も散見される。じつは私自身も、一〇年前はその類であった。だがいまは違う。以前より私が少し賢くなったからだと思っている。理由を三つ挙げよう。

まず、野生復帰は種レベルでの絶滅を防ぐ有力な手段の一つであるからだ。たとえば、トキは中国に野生集団がいるのは確かであるが、限られた地域に棲んでいる集団は、将来の気候変化や人為による環境変化で絶滅する可能性がないわけではない。離れた地域で複数の集団が維持されていれば、それらすべてが共倒れするリスクは非常に低いに違いない。これは、希少種を複数の動物園で分散飼育してリスクを回避するのと同じ考えである。野外だからと言って別扱いする論拠はないはずである。

二つめは、トキやコウノトリのように、生態系の食物網の上位にいる生物の野生復帰の実現は、それに関わる多様な生物種、そして生態系を丸ごと再生することを前提としているからである。だからこそ、トキのことだけを考えるような狭い了見は、意味をなさないのである。

最後に、日本の里山的な環境に住む生物の野生復帰は、必然的に人間の環境に対する積極的な働きかけや協力が必要になり、それが生物多様性に対する意識の向上、ひいては地域社会の再生にも通じる可能性があるからである。むしろ、地域再生あっての野生復帰の実現と言えるかもしれない。

生態系の治療

Ⅱ：草原の生物を守る

手入れによる草地の維持

日本の草地は、人手が加わらなくなるとやがて藪になり、森林に移り変わる。森林がもともと少ない国や、熱帯のように伐採で減ってしまった国では、好ましいことかもしれないが、日本では事情が違う。私の研究室には、中国の内陸部の新疆（しんきょう）ウイグル自治区から来ている留学生がいる。中国の北西部にあり、モンゴルやロシアの近くである。彼は日本に来て間もないころ、草原性のチョウが激減して次々に絶滅危惧種になっていることを聞いて、最初はたいそう驚いていたし、なぜそうなるのか理解できないと言っていた。それは無理もない。なにしろウイグルの州都、ウルムチの年間降水量は、わずか二五〇ミリほどで、東京の七分の一ほどしかなく、草原が広がっているからだ［写真4－9］。草原性のチョウは普通にいるようで、日本では絶滅の淵にあるヒョウモンモドキやミヤマシジミはあちこちに飛んでいるという。

約二万年前の氷河期には日本もいまより降水量や気温が低く、草原や疎林などの開放的な環境が広がっていたらしい。そのころに大陸からさまざまな草原性の生物が渡ってきて、日本各地に棲んでいたようだが、その後の温暖化で草地が減るにつれ、彼らの棲み家は人間が維持管理する草地に限定されるようになった。こうした環境は数千年にわたって維持されてきたのだが、戦後のエネルギー革命や高度経済成長による土地開発で、あっという間に減ってしまった。それに私たちが気づいたのは、比較的最近である。せいぜい三〇年以内であろう。

阿蘇山や霧ヶ峰など広大な草原が広がっている地域では、地元の人たちにより毎年春先に大規模な野焼きが行われている。昔は燃料や家畜の飼料採集のために人間が手を入れてきたが、いまでは野焼きによる草原の維持そのものを目的とした行事になっている。野焼きは、いっけん自然破壊のように思えるが、その逆である。もちろん野焼きで焼け死ぬ生物もいるが、むしろ草花や昆虫のように、野焼きがあることで維持されているものも数多い。野焼きのような環境撹乱に適応した生物こそが、「草原性の生物」だからである。

オオルリシジミの復活

オオルリシジミという絶滅危惧種のチョウがいる[写真4-10]。このチョウは、もともと青森県から中部地方の山間部の草原と、阿蘇山麓に広く分布していたが、いまでは長野県の三か所（うち二か所は再導入されたもの）と阿蘇山麓にしか見られない。このチョウは幼虫時代にクララという有毒のマメ科植

［写真4−9］▶中国の新疆ウイグル自治区、ドルビルジン県の草原
人がとくに手入れをしなくても降水量が少ないため、広大な草原が広がっている。撮影：張鑫

物を餌とし、他の植物はいっさい食べない。

牛や馬があちこちにいた時代、有毒なクララにとって放牧地は天国だったに違いない。食べられずに残されたばかりか、競争相手である他の植物が牛や馬に間引かれるので、大いに繁栄できた。おまけに、「毒は薬にもなる」の教えどおり、鎮痛剤や虫よけにもなったので、人間からも重宝されたらしい。だから、降水量が増えて森林が広がった日本でも、オオルリシジミの棲み場所はあちこちにあったのだろう。ところが、戦後、激減の一途をたどった。霧ヶ峰や追分が原などの広大な草原では、ゴルフ場や別荘地に置き換わったことが主要因であるが、人里に近い場所では、農薬散布や圃場整備、草地の管理放棄、そしてマニアによる乱獲で各地で絶滅したようだ。

長野県では、広大な草原だけでなく、人家に近いいっけんごく普通の田んぼの畦にもオオルリシジミは棲んでいた。私の父が戦後間もないころに採集した長野県飯島町の個体（本州最南端の記録）も、山ぞいの田んぼの縁にいたらしい。長野県にいまでも残っている二か所の生息地も、こうした場所である。採集禁止になっているのはもちろん、地元の人たちによる草刈りや野焼きによって草地が維持され、絶滅寸前の状態から個体数が徐々に回復している。

面白いことに、野焼きはオオルリシジミの天敵であるメアカタマゴコバチという寄生蜂を減らす役割がある。オオルリシジミは、地面の隙間にもぐって蛹で越冬するので火の影響を受けないが、寄生蜂はいろいろなガの卵に寄生し、地上で越冬するので焼け死ぬのだろう。メアカタマゴコバチはどこ

［写真4−10］▶長野県産のオオルリシジミのオス
標本（左）は、終戦直後の昭和23年に長野県上伊那郡七久保村（現、飯島町）で採集されたもので、本州最南端の記録である（採集：宮下安弘）。右は、再導入された長野県東御市の生息地の個体。撮影＝宮下俊之

にもいる昆虫で、草原に適応した種ではない。だから、オオルリシジミが棲んでいる草地でこの寄生蜂が減っても、保全上は何ら問題ない。また幼虫が食べるクララも野焼きに強く、競争相手の植物が減る分、かえって増えるようだ。だから、野焼きによって手ごわい天敵からも解放されるうえ、餌の面でも恩恵を受けている。草刈も野焼きも、昔から日本人が営んできたものである。その営みの復活こそが、いまでは第一級の希少種（不名誉な称号である）となってしまった生物を育んでいるのである。

草地を維持する社会

特定の場所だけであれば、植物やチョウのために地元の人が定期的に手を入れ、草地を維持することはそれほど困難ではない。だが、草地に依存する生物種は数多く、日本のあちこちで減っている。だから、人間の善意の活動だけで各地の草地を維持するには限界がある。広域で実現するには、経済ベースに乗った何らかの仕掛けが必要だろう。

最近、草地を資源として見直そうという機運が生まれている。草は成長スピードが速く、刈ってもすぐに回復する「減らない資源」だからである。西日本のススキ原では、一ヘクタール（百メートル四方の面積）で年間に一〇トンもの乾物が生産されるという。シカが増えて森の中の食べ物がなくなっても、森の外にはほぼ無尽蔵に餌となる草があり、いっこうに数が減らないのも頷ける。

資源としての使い道は、バイオ燃料や家畜の飼料などである。バイオ燃料は、石油などの化石燃料と違い、二酸化炭素をリアルタイムで吸収して造られた光合成産物である。だから、バイオ燃料を燃やして発生した二酸化炭素は、新たな負荷にはならず、温暖化の防止に一役買うことができる。カーボン・ニュートラルと呼ばれる所以である。

だが、通常のバイオ燃料はトウモロコシ、サトウキビ、油ヤシが原料なので、森林や農地をつぶして作られることが多い。だから、決して生態系に優しいとは言えないし、食料生産とのバッティングも問題になる。ところが、日本の草地の多くは放棄されたままの農地や荒れ地であり、それを有効活用するのだから、そうした問題もない。また、家畜の飼料としては昔から使われてきた実績がある。さらに最近では、栄養学的な面から、ススキなどは外来牧草よりもバランス面で優れた飼料であることがわかってきた。

バイオ燃料は、再生可能エネルギーであり、温暖化防止にも役立ち、さらに地域社会を支える農業の振興にもつながると言われている。だが、生物多様性の観点からは更なるメリットがある。絶滅危惧種を含む草原性の生物の保全に役立ち、またシカなど野生動物の増加の温床である放棄地を整備することにもつながる。まさに、「一石五鳥」のご利益があると言えよう。あとは、技術革新により、経済的に採算が合うバイオ燃料や飼料の精製法を探ることだ。日本人の知恵と技術力からすれば、決して高いハードルではない。

Ⅲ：外来種の駆除

ハブとマングース

外来種が蔓延した生態系では、生態系が丸ごと改変されてしまうことが多い。とくに、島や池などの半ば閉鎖された生態系は、一度外来種が侵入すると一気に数が増えてその影響が広がってしまう。ただ、そうした生態系は比較的閉じた系なので、トキやコウノトリの野生復帰ほど人間の利害が複雑に絡むことはなさそうである。端的に言えば、いかに効率的かつ持続的に外来種の影響を取り除くかという問題に集約される。ただ、そうは言っても実際は簡単に事が運ぶわけではない。

マングースはイタチを少し大きくした程度のやや小型の肉食哺乳類で、元来は熱帯アジアに広く分布しているが、日本には生息していない。奄美大島や沖縄では、ハブの駆除を目的にフイリマングースが導入されたが、実際には地域固有の両生類、爬虫類、哺乳類などを激減させてしまった。奄美大島では、二〇〇〇年以降、環境省主導で大規模なマングース駆除事業が進んでいる。駆除事業が始まった当初、マングースは約六千頭いたと推定されるが、駆除の効果があって二〇一一年時点で四百頭以下にまで減少している。だが、密度が減ると駆除の効率はどんどん低下するのが常であり、完全に根絶させるのは至難の業である。

マングースに限らないが、外来種の駆除の本来の目的は、生態系をもとの姿に復元することであり、その手段として駆除や根絶がある。もし根絶が難しいとしても、生態系がある程度復元できれば、駆除事業は一定の成果を挙げたと言えるはずだ。ただ注意すべき点は、わずかな数でも残っている以上、手を緩めるとすぐに数は増えてしまうことである。だから外来種の駆除は長期的に続けなければ意味がない。

一つのため池のような場合はともかく、奄美大島のような広大な島で駆除事業を継続するには、莫大な資金と労力が必要である。それを維持するには、駆除の成果、すなわち在来種がどれほど回復しているのかを裏付ける科学的な証拠が必要である。

在来種の増加を確認

奄美大島では、私の学生が中心になって二〇〇三年から数年おきに在来種の密度のモニタリング調査を行ってきた。国の駆除事業は、マングースの駆除そのもので予算的にも労力的にも手いっぱいだったため、調査に必要な資金のほとんどは自分たちの研究費や一部自腹でまかなってきた。

調査法はいたってシンプルである。動物の観察しやすい夜間、奄美大島の中央を通る林道をゆっくり車で走り、車中から目撃された種と個体数を記録する。この方法で記録できる種は、比較的大型のものに限られるが、それでも世界中で奄美大島とその周辺の島にしか生息しないアマミノクロウサギ［写真4－11］、アマミイシカワガエル［カラーⅳ］、オットンガエル、アマミハナサキガエルの四種については、定量的な結果が得られた。

まず四種いずれについても、マングースの減少とともに着実に増加していることが確認された。だが、それだけでは目標の達成程度はわからない。数値目標がないからである。一般に、外来種が侵入する前に在来種がどれほどの密度で生息していたかに関する情報は、めったにない。奄美大島の場合も状況は同じで、マングースの侵入前は上記四種とも、島に広くいたという定性的な情報しかなかった。そこで、私たちは生態学の知識を使って目標密度を推定することを思いたった。

駆除の正当性と継続の必要性

本書第2章の「生態系のバランスと平衡」の節で上げた「密度効果」の話を思い出していただきたい。あらゆる生物は数を増やすポテンシャルがあるが、数が増えるにつれて増加にブレーキがかかり、やがて「環境収容力」とよばれる値の周辺で一定になる。

もちろん、環境変化などによる年変動はあるが、それでもある一定の範囲内でバランスはとれているはずである。環境収容力の推定方法の詳細は省くが、ある程度の長期データがあれば割合簡単に推

［写真4−11］▶**奄美大島の道路標識**
アマミノクロウサギが描かれた「飛び出し注意」の道路標識。

定できる。そして、これが復元の目標値として使えるはずだ。データを分析した結果、観察した林道のうちで、少なくとも三〇パーセント以上の場所でこの数値目標に達していた。ただそのいっぽうで、まだ二五パーセントほどの地域でほとんど回復していないこともわかった。これは、最初にマングースが放された場所に近い地域である。在来種の移動能力が高くないので、まだ周辺地域から侵入してきていないのであろう。この地域でもマングースの密度はすでに低下しているので、駆除事業を継続していけば、やがて在来種が島全域で回復するのは間違いない。

奄美大島を含む南西諸島は、世界でこの地域にしか生息しない数多くの固有種が見られるため、以前から国際的に第一級の保護区である世界自然遺産への登録に向けた活動が展開されてきた。だが、なかなか現実のものとはならなかった。その理由の一つとして、マングースなどの外来種問題がマイナスに作用していたことがあるらしい。ここで述べた成果は、過去の駆除事業の正当性や今後の継続の必要性を訴えかける国内向けのメッセージとなるのはもちろん、世界自然遺産へ登録される契機になることが期待される。生態系の治療という観点からすれば、すでに診断方法が確立している状況といえるからである。課題は、より効果が高い治療法、つまり駆除方法を開発する余地が残されている。

絶滅危惧種が棲める環境を

外来種が、絶滅危惧種を更なる絶滅の淵に追いやっている例はほかにも多数ある。だが、外来種を根絶して問題が完全に解決した事例は非常に限られている。南太平洋の島での毒餌を使ったクマネズミの根絶や、小笠原の小さな島に侵入したヤギの根絶があるにすぎない。

よく考えると、生物とは不思議なものである。かたや手厚く保護しても絶滅してしまう種もいれば、目の敵のように駆除してもいっこうに減る気配のない種もいる。外来種として問題になっている生物は、実際に侵入した種の氷山の一角にすぎない。その陰に、「外来種」となる前に絶滅した種が無数にいたはずだ。いま問題になっている外来種は、選りすぐりの「エリート」であり、そう簡単に根絶できないのは当然かもしれない。

静岡県の桶ケ谷沼は、日本では数か所しかいないベッコウトンボの生息地である［カラーv／写真4－12］。そのほかにも多数の希少なトンボが棲むトンボの楽園であった。だが、一九九〇年代後半にアメリカザリガニが大発生し、その直後に激減してしまった。減少の原因はザリガニだけではないかもしれないが、ザリガニを排除した柵のなかではベッコウトンボが羽化できるので、ザリガニの影響が強いのは間違いない。ザリガニが大発生してから間もなく、地元の高校（磐田南高校）の生物部が、沼の近くに多数のコンテナ（水を溜めた大型の容器）を設置したことで、現在までかろうじて世代をつないでいる。だが、そのコンテナ周辺も木が茂って、ベッコウトンボが好む開けた環境でなくなってしまった。いまでは、沼べりに作られた囲いの中と、近くの小高い草原に設置されたコンテナ群で数を保っている［写真4－13］。だが、その総数は千匹以下であり、絶滅の危機に瀕している状況には変わりない。

いっぽう、沼でのザリガニの駆除は、市民が中心となって、すでに一〇年以上にわたって行われている。ザリガニの数は目に見えて減っているわけではないが、駆除の効果で多少の減少傾向にはあるようだ。完全に生態系をもとの状態に戻すことは無理かもしれないが、こうした地道な取り組みで何とか希少なトンボが棲める環境が維持されている。

成功と失敗の記録を先の世に

奄美大島のマングースのように、国が多額の資金を投入して外来種駆除が行われるのは、むしろ例外的である。桶ケ谷沼のように地元のボランティアを中心とした地道な活動が、地域の生態系や生物多様性、そしてベッコウトンボのような日本の希少生物を守っているのである。

今後の課題として、生態系再生の努力と成果を、数値として残すことが必要である。たとえば、外来種の駆除個体数、駆除に使った罠の数、日数、在来種の個体数の変遷といった記録である。こうした定量的な記録は、何が成功に導き、何が失敗につながったのかを推測するうえで、数十年あるいは百年先の世に、時空を超えて必ず生きてくる。過去の記録がどれほど将来の役に立つのか、それは歴史学、考古学、古生物学、気象学、地震学、そして生態学に関わる私たちが常日頃から感じていることであり、自信をもって主張できることである。

［写真4-12］▶ベッコウトンボ
環境省の絶滅危惧Ｉ類に指定されている希少なトンボ。戦後間もないころまでは各地に広く分布していたが、いまでは日本で数か所しか確実な生息地がない。

［写真4-13］▶設置されたコンテナ（水をためた大型の容器）
桶ケ谷沼の周辺の小高い草原。ベッコウトンボの多くは、こうした野外の人工的に隔離された水域で幼虫期をすごしている。

第5章　多様性の原理

「生物の多様性」は、なぜ必要か

Ⅰ：自然の恵み、生態系の弾力性

「自然の恵み」と生物

私たちの日々の生活は、さまざまな「自然の恵み」のうえに成り立っている。空気や水、主食の米や小麦は言うに及ばず、野菜や果物、魚介類のない生活は考えられない。作物によっては、ビニールハウスや室内で栽培ができるし、魚介類も養殖場で育てられるものもあるが、その源となる水や空気まで人がつくり出しているわけではない。だから、中国の大都市のように大気が激しく汚染されたり、福島の原発事故による放射性物質によって海や地下水が汚染されると、たちまち日々の生活が損なわれる。最近のニュースでは、政治や経済の情報よりも、さまざまな種類の「自然の恵みの劣化」の話題の方がインパクトが大きいように思う。

空気や水はともかく、作物や魚介類は生物である。だから、生物の多様性は「自然の恵み」をもたらす源泉であり、生物多様性を保全することは重要である、というロジックはよく目にする。この説明は、一見もっともらしく映るが、やや話を単純化しすぎている。厳しい見方をすれば、論をすり替えているともいえる。

作物にしろ、魚介類にしろ、私たちが食べているのは自然界のごく一部の生物種にすぎない。だから、それ以外の大多数の生物は、いてもいなくても構わないという暴論を抑えることは難しい。一見、役に立ちそうもない生き物の多様性がじつは重要である、という証拠がほしいところである。

下草の多様性が守る森

私たちが住む生態系が、多くの生物で支えられていることは直観でもある程度は納得できる。有機物を生産する植物、それを食べる動物、落ち葉などを分解する微生物や土壌動物などが生態系の循環の立役者であるのは明らかであろう。だが、たとえば植物は本当にたくさんの種が必要なのだろうか？

スギやヒノキの人工林は、基本的に単一の樹種からなっているが、少なくとも見た目は林として立派に成立しているし、木材も提供してくれる。水を貯えたり、土砂の流出を防ぐ役割も果たしているだろう。だが、生態系の持続性にとって本当にスギやヒノキだけで問題ないのだろうか？

ハイキングなど山歩きが好きな人は見覚えがあると思うが、手入れがされていないスギやヒノキの人工林は、林内が暗く、下層植生（いわゆる下草、厳密には草本と背の低い木本からなる）はほとんど生えていない。日本の山間部のように地形が急峻な地域では、下層植生がないと、大雨により土壌が流され、それが高じると土砂災害の原因にもなる。いわゆる山が荒れているという状態である。だが、適度にスギやヒノキを間引いてやると、林内が明るくなり、下層植生が豊かに繁茂するようになる。

下層植生は、土壌の浸食を防ぐうえで二重の役割を果たしている。まず、地上一五から二〇メートルもある林冠部から落下する雨滴が、直接地面を叩きつけるのを防ぐ被覆効果がある。力学的に表現すると、林冠から落下する雨滴の大きな運動エネルギーは、地表面に近い下層植生により、いったん吸収されるので、雨滴が次に下層植生から地面に落ちる時の運動エネルギーは微々たるものになる。

さらに下層植生は、その茎や幹により、地面を覆う落ち葉が流亡するのを防ぐ捕捉の効果がある。落ち葉など、まったく無駄のように思えるかもしれないが、雨滴から地面を保護する膜のような役割を果たしている。下層植生はそれが雨で流されるのを防いでいるのである。

シカの増加にも対応可能

スギやヒノキだけでなく、下層植生が生態系の維持に必要なことはわかった。だが、下層の植物の多様性は本当に必要なのだろうか？　この問いに対する答えの一つを紹介しよう。

第3章の「増えすぎた生物Ⅰ」で紹介したように、千葉県の房総半島では一九八〇年ごろからシカが急速に増加し、分布が徐々に広がっている。私たちは、シカによって森林の下層植物がどのような影響を受けているかを調べたことがある。

シカがいない場所では、都会の庭先や公園でもおなじみのアオキなどが優勢だが、シカ密度の増加

[写真5－1]▶コバノカナワラビ(上)とイズセンリョウ
コバノカナワラビは、ワラビという名がついているものの、ゴワゴワした固い葉で、とても食べられたものではない。イズセンリョウは、これといった特徴のない植物だが、有毒らしくシカは食べない。
撮影＝鈴木牧

とともに、徐々に別の種に置き換わり、シカが高密度でいる地域では、シカが嫌いな植物だけが占めるようになった。アオキは、シカがいない状態では独り勝ちに近い状態になるが、シカに食べられて減少すると、徐々に競争に弱い種が侵入できるようになり、最後はシカに食べられない植物が結果的に独占するのである［写真5－1］。

もし、森林の下層にアオキのようなシカの好物の種しかいなかった場合、森林の下層はたちまち裸地と化すだろう。そうなれば、大雨により土壌が流され、生態系のはたらきに大きな支障がでるに違いない。森林の生態系には多様な植物がいることで、シカの増加という「予期せぬ事態」にも対応できる能力がもともと備わっているのである。

送粉の多様性と作物

森のはたらきが劣化すれば、土砂崩れなどを通して、下流域の人々に少なからず影響が及ぶことが想像される。だが、作物のようなもっと身近な話題の方が、より説得力があるかもしれない。スイカ、カボチャ、トマト、ソバ、リンゴなどの野菜や果物は、花を咲かせ、花粉が雌しべに付いて受精することで初めて、私たちが食べる作物として成長する。その花粉を運ぶ担い手は、ミツバチやマルハナバチなどのハナバチ（英語でbee）とよばれる仲間である。ちなみに、日本語でハチといえばアシナガバチやスズメバチなどの肉食者も含むが、英語ではこれらをwaspとよんでbeeと明確に区別している。

［写真5–2］▶セイヨウミツバチの巣箱
養蜂家が草原に並べた巣箱に、セイヨウミツバチが集まってくる。

［写真5–3］▶レンゲの花にとまるミツバチ
花粉や蜜を効率よく運んでくれる。

農作物の受粉には、セイヨウミツバチが使われることが多い［写真5―2・3］。セイヨウミツバチは作物の送粉用や蜂蜜の採取用に品種改良された、いわば家畜のようなものである。養蜂家によって大量に飼育されていて、箱ごと巣を購入することができる。繁殖力が高いうえ、花粉や蜜を効率よく運ぶので、農家にとってとても重宝な家畜である。だが、効率を追い求めて特定のハチだけに頼ると思わぬ落とし穴にはまることがある。

二〇〇〇年ごろから、世界各地でセイヨウミツバチの急激な減少がさかんに報じられるようになった。日本でも巣箱から突然ミツバチがいなくなる「失踪」ともよばれる現象が起きている。まだ原因は特定されていないが、ネオニコチノイド系の農薬による悪影響、ダニや病原菌の蔓延などが可能性として挙げられている。理由はともかく、結果としては、人間社会にも広くみられる「効率主義の落とし穴」そのものである。

野生のハナバチ、その「種数の効果」

いっぽう、海外で行われた研究によると、野生のハナバチの種類が多い地域ほど、スイカやカボチャ、コーヒーの結実数が増えることが報告されている。驚いたことに、これは種数が増えた結果として個体数が増えるという「数の効果」では説明できず、純粋な「種数の効果」であるという。そのしくみは完全にはわかっていないが、ハナバチは種によって、活動時間帯や、訪れる花の地上高に違いがあり、それがトータルとして送粉の効率を高めているということらしい。

しかし、野生のハナバチの個体数は年変動する。これはセイヨウミツバチのように、毎年一定の量を確保できる家畜に比べると大きな欠点である。しかし、野生のハナバチは一種類しかいないわけではない。種数が多ければ、「去年はA種が多かったが今年はB種が多い」、といった年変動のズレにより、個々の種の多い・少ないは平均化され、ハナバチの群集(種のまとまり)でみた場合の送粉効率は安定的に維持される可能性がある。これはまだ証明されていないようだが、自然界では十分にありそうな話である。

「生物の多様性」は、なぜ必要か

II：「ただの虫」や「眠れる番人」

ハナバチと違って、害虫は作物に文字どおり害をなす生物である。いまでは想像もつかないが、農業技術が未発達だった明治時代より前は、さまざまな害虫の大発生により、しばしば飢饉が起こっていたらしい。

「ただの虫」の役割

庭で発生した害虫にあわてて農薬を撒いたことは、誰しも一度や二度は経験しているだろうが、作物の害虫防除には計画的に農薬が撒かれている。農薬は、その毒性が人体に影響を与えないものが国の基準で認可されているので、使用法さえ守れば行政的には安全と言える。だが、絶対的に何の問題もないかといえば、その保証はない。だから、私たちはよく「安全安心」という言葉を使う。安全と安心の意味は似ているが少し違う。一定の基準での安全が、安心をもたらすとは限らないからである。国が作った放射能の安全基準が、多くの人を安心させるわけではないのと理屈は同じである。

農薬を使わない有機農法は、もともと食の安全安心を求めたものであるが、いまでは農業生態系で

[写真5−4]▶キバラコモリグモ
田んぼでよく見られる。地上を徘徊し、網を張ることはない。 撮影＝谷川明男

の生物多様性保全のための実践ツールともなっている。有機農法では、害虫は増えるだろうが、その天敵や、それ以外の雑多な昆虫も増えるに違いない。最近の研究によれば、天敵の多様性が害虫の個体数の抑制に効いているという事例もある。そして、さらに面白いのは、天敵が害虫を食べて数を減らす効果は、意外にも「ただの虫」ともよばれる雑多な昆虫が一役買っているという点である。

この意外とも思えるしくみをまず説明しよう。害虫といえども、年じゅう数が多いわけではない。稲の場合、田植え後一か月くらい後に害虫の数が増えることが多いようだ。ヨーロッパの小麦についても同様らしい。この場合、天敵であるクモやカメムシの数が、害虫の数を後追いしたのでは、とても害虫を制御することはできない［写真5－4］。

水田のユスリカ、畑のトビムシ

火事では、よく初期消火が重要といわれる。一度火事が大きく広がってからでは手がつけられないからだ。もちろん、病気の治療についても同じである。天敵がもし害虫だけを食べているなら、害虫の発生していない時期は天敵も存在できないので、「初期消火」はそもそも不可能であろう。だが、水田や畑には、害虫以外の昆虫もたくさん棲んでいる。水田の場合はユスリカ、畑の場合はトビムシとよばれる小型の昆虫が優占している［写真5－5・6］。これらの虫は基本的に分解者で、泥や落ち葉などが破砕された有機物や微生物を食べて成長する。だから、害虫でもないし、その天敵でもない、地

[写真5–5]▶ユスリカの一種(上)とクモの網にかかった大量のユスリカ
水田にたくさん見られるありふれた虫、ユスリカは害虫でも、その天敵でもない「ただの虫」の代表格。これだけ多くいると、クモはとても食べきれない。 撮影=筒井 優

味な「ただの虫」である。

だが、ただの虫は春先から活動しているので、クモなどの天敵にとっては恰好の餌である。面白いことに、ユスリカなどのただの虫は、害虫が増える夏場になると数が減る。だから、天敵は主な餌を、ただの虫から害虫へ切り替えることになるだろう。このしくみがうまく働けば、害虫が大発生する前に天敵が害虫の数を抑制することができるに違いない。

もちろん、こうした天敵とただの虫の働きで、常に害虫が制御されているのであれば、害虫問題はそもそも存在しないはずだし、農薬もいらないはずだ。実際は、害虫の増殖力の高さからして、天敵にそこまでの効果を期待するのは酷である。だが、農薬を必要以上に撒いて、害虫ばかりか天敵やただの虫までも抹殺することは、がん患者に強い抗がん剤を投与しすぎて、生体に備わっている免疫機能までも損なってしまうことと同じで、長期的には逆効果かもしれない。

さらに、食の安全の面からすれば、過剰な農薬使用は明らかにマイナスである。戦後の高度経済成長の時代は、こうしたリスクをほとんど考えない時代であった。現在の生物多様性を見なおす機運は、こうした過去の反省も生かされている。農薬によるリスクを回避し、しかも豊かな生き物が棲める農地を維持するには、作物の見てくれの悪さ、つまり品質に惑わされない消費者の賢さも必要だろう。

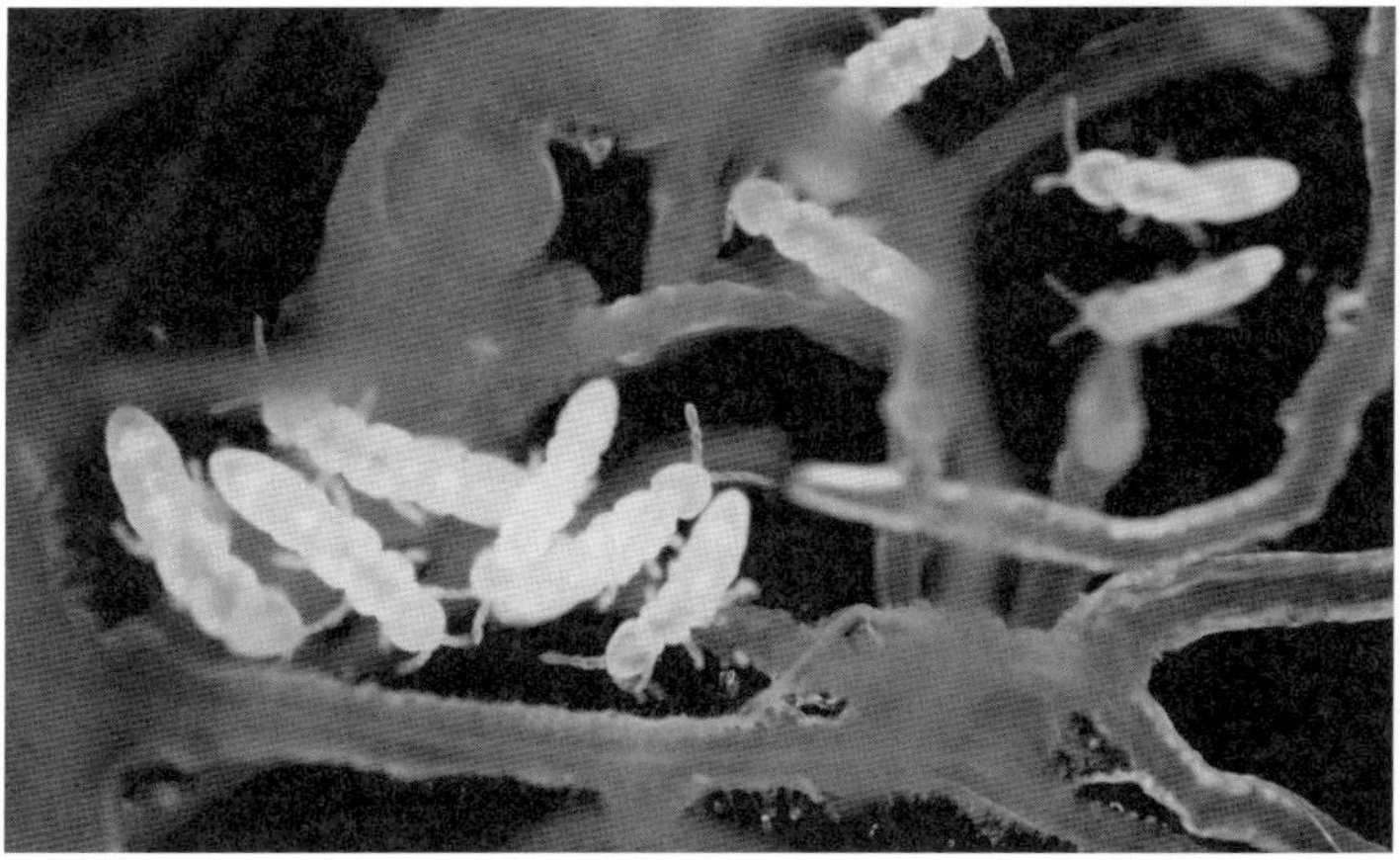

［写真5-6］▶畑の「ただの虫」トビムシ

土壌中に数多く生息して、さまざまな捕食性動物の餌になる。つまり、トビムシが持続的、安定的にみられる畑では、特定の害虫によって作物が大きな被害を受ける危険性が少ないと言える。写真は菌糸を食べるトビムシ。 撮影＝中村好男サンゴ礁は、熱帯から亜熱帯の沿岸の代表的な生態系であり、多種多様な生き物の宝庫である。第2章の「生態系とそのつながり」でも紹介したように、サンゴ礁にはブダイなどの大型の草食性の魚がいて、サンゴの表面につく藻類を食べて暮らしている。乱獲などでブダイが減ると、藻類がサンゴの表面を覆いつくしてサンゴ礁は衰退し、藻類が優勢な不毛な生態系へと変質する。いったんこの状態になると、もはやブダイは藻類を減らすのに役立たない。初期消火を怠ると、少しくらい水をかけても鎮火しないのと同じである。だが最近、この状態であたかも目覚めたように活躍する魚がいることがわかった。アカククリという熱帯魚である［カラーviii］。この魚は、普段はホヤやエビなどの動物をおもに食べていて、密度もそれほど高くないのだが、ホンダワラなどの藻類が大繁殖すると、その場所に集まってきて、それを盛んに食べるようになる。

オーストラリアのグレートバリアリーフでの実験によると、サンゴ礁でブダイなどを三年間排除した区画では、一面ホンダワラが生い茂るようになったが、囲いを排除すると、わずか数日でほとんどホンダワラが消失したという。その主役をつとめたのはブダイではなく、アカククリであった。私は魚の専門家ではないので実感がわかないのだが、これは驚くべき発見だったらしい。それまでは肉食ないしは雑食と考えられていた種が、藻類を貪食し始め、サンゴ礁の復元に貢献していたからである。

この実験を行った研究者は、アカククリのことをsleeping functional group（眠れる機能群）と名付けた。

普段は役に立たないが、生態系が危機に直面する段になって初めて起き上がり、活躍するという意味である。

私はこの論文を読んだときに、とっさに赤穂浪士の仇討の指揮を執った大石内蔵助を思い起こした。大石は、主人の浅野内匠頭による刃傷事件が起こるまでは、「昼行灯（ひるあんどん）」とよばれていた。昼間に灯がともっている行灯のように、薄ぼんやりした「役立たず」だったのであろう。ところが、ひとたび事が起こると、みごとなまでの統率力と人心掌握術で、当時不可能とさえ思えた吉良上野介への仇討を、ひとりの死者もなく成し遂げたのである。

アカククリのような眠れる機能群が、他の生態系でどれほどいるのか、まだほとんどわかっていない。だが、普段はいてもいなくてもいいような生物が、条件次第で主役になってしまうという痛快な話は、結構あるのではないかと思う。私たちは、まだ自然のことを少ししか理解できていないのだから。

生態系の多様性＝場の多様性

複数の生態系を生きる

生態系は、生物を育む「場」となっている。だから、「生物多様性」の階層の一つとして、遺伝子や種とならんで生態系がとりあげられ、それぞれの多様性の保全が重要視されている。遺伝子は生命現象の根幹をなす物質であり、新たな種を生み出す源であるから、その多様性の維持が重要であることは想像に難くない。だが、「生態系の多様性」はすこし漠然としている。

自然界にはさまざまな生態系があり、それら個々が重要であることはいまさら強調するまでもない。それもあってか、ほとんどの教科書や解説書でも、種や遺伝子の多様性に比べ、生態系の多様性についての記述はあまり歯切れがよくない。異なる生態系には、別の生物が暮らしている、という自明の理を超えた説明がほしい。

日本の里山は、私たちが遠い祖先から受け継ぎ、長年にわたって維持・管理されてきた自然である。雑木林、水田、草原、河川などのいくつもの生態系から構成されているのは周知のとおりである。里山はよく生物の多様性が高いと言われているが、その理由は二つ挙げられる。一つは、個々の生態系

［写真5-7］▶畦で大きなカエルを捕まえたサシバ
千葉県佐倉市畔田の谷津田で、2013年6月。 撮影＝maruyama

には別の生物種がいるので、トータルとして種数が多くなるという、いわば自明の効果である。もう一つは、複数の生態系がないと暮らしていけない生物が数多く棲みついているからである。

トンボやカエルは、幼虫や幼生の時期にそれぞれヤゴ、オタマジャクシという愛称でよばれ、田んぼや池で暮らしているが、成虫や成体になると、水辺を離れた森林や草地で暮らす種が多い。アカガエルは、オタマジャクシからカエルに変態して上陸した後、近くの雑木林で何年かすごし、産卵のため水田に戻ってくる。

トキは、カエルやドジョウを食べるために水田を使うが、時期によっては昆虫やミミズを食べるために草地を利用する。タカの一種のサシバも、春には水田で盛んにカエルを食べるが、夏になってカエルが減ると雑木林で大型のガの幼虫や甲虫を食べるようになる［カラーi／写真5－7］。

これらの生物は、水田が広大に広がった地域や、その逆に森林ばかりが広がった地域では生活することはできない。里山には、生態系の「単品」ではなく、何種類かの「セット」が揃っているので、複数の生態系を不可欠とする生物が、数多く棲めるのである。

「場の多様性」がもたらす恩恵

生態系のセットは、農作物の生産にも役立っている。日本人が好んで食べるソバは、米や麦など他の穀類とは違い、種子が実るにはハチによる受粉が必須である（ちなみに、イネや麦の花粉は風で運ばれる）。

［写真5–8］▶**里山のソバ畑**（茨城県常陸太田市）
森の近くにあるソバ畑では、ソバの実の結実率が高い。結実にはハチによる受粉が不可欠。
撮影＝滝 久智

茨城県北部で行われた調査によれば、周辺が森や草地に囲まれたソバ畑では、花に訪れる昆虫類の数が多く、ソバの実りもよいらしい［写真5－8］。

花に訪れる昆虫は、もともとソバ畑に棲んでいるわけではなく、付近の森林や草地を生活の場にしているからである。もし欲張って広大なソバ畑を作ったとしても、花粉を運ぶ昆虫が減ってしまうので、ソバの収量は期待ほど上がらないに違いない。昔から日本人が営んできた農業は、「場の多様性」がもつ潜在力を上手に引き出してきたと言えよう。

場の多様性は、害虫の被害を減らす役割もある。ドイツ北部のアブラナ畑での調査によると、草地や森林に囲まれた畑ほど、害虫によるアブラナ種子の食害が少ないことがわかった。害虫の天敵である寄生蜂が、草地や森林の近くに多いからである。

もし欲張って広大なアブラナ畑を作ると、害虫の被害は激増するかもしれない。その対策で、害虫を撃退するための農薬をたくさん撒くことになるだろうが、コストがかかるうえ、環境への悪影響も懸念される。やはり、「場の多様性」がもつ恩恵をうまく引き出すほうが賢明な選択だろう。

場の永続性を保証する多様性

一口に森林といってもさまざまなタイプがある。広葉樹林や針葉樹林といった区分はもとより、同じタイプの針葉樹林でも、樹高が人の背丈ほどの若い林もあれば、百年以上を経過した老齢林もある。

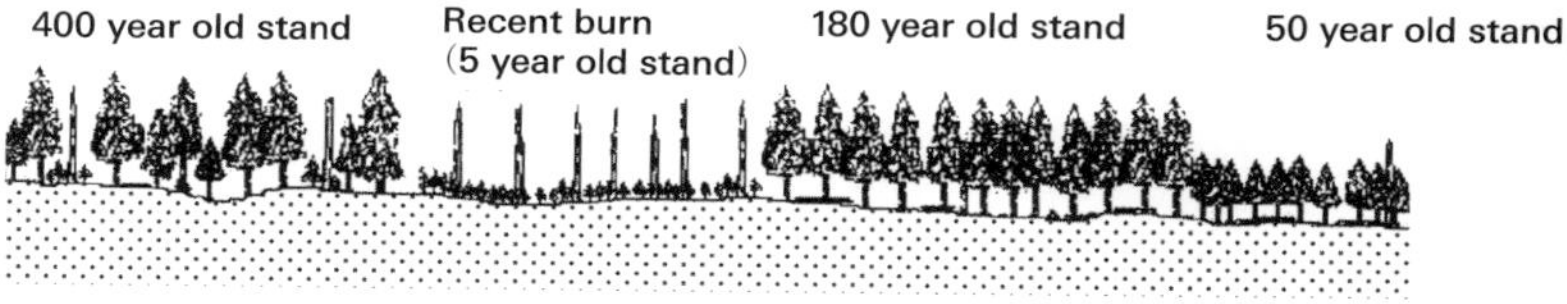

［図5-1］▶合衆国のロッジポールマツの林
林齢が異なる林がモザイク状に広がっている。White & Harrod（1997）を改変

こうした生態系のなかの異質性も、場の多様性に含めてよい。

山でよく目にするスギやヒノキの造林地は、ほとんどが同時期に植えた木の集合体、すなわち一斉林である。遠目からは美しいかもしれないし、人間が管理するうえでは効率的かもしれない。だが、記録的な大雨が降ると、運命共同体のように一斉に土砂崩れが起こることがある。一斉林では、どの木も根の深さが同じなので、表面が一気にめくれるように崩れ去るのだ。

北アメリカで森林火災が大規模化する原因も、同じようなしくみが関与している。山火事は日本のような湿潤な気候下ではたいした問題にならないが、世界的には洪水や台風とならぶ自然の脅威である。山火事が繰り返し起こる地域では、林の年齢の異なったモザイク状の森林が、数千年以上の長い歴史をとおして維持されてきた。このモザイク性は、ときどき起る小規模な山火事がつくりだした、「場の多様性」である［図5−1］。

自然を封じ込めれば反動も

山火事は、老齢林で広がることが多い。老齢林の下層には、大量の落ち葉や枯れ枝、倒木があり、それが火災に燃料を提供するからである。いっぽう若い林では、そうした燃料の蓄積が少ないので、火災の蔓延をくい止める働きをしている。もちろん、燃えた老齢林は、すみやかに若い林へと生まれ変わる。山火事は場の多様性を生み、場の多様性は山火事の蔓延を防ぐという、双方向の関係が長年にわたって築かれてきたのである。

ところが合衆国では一九世紀後半から、山火事が起きたらただちに消火するという徹底的な管理が行われてきた。そのため二〇世紀後半には、針葉樹の老齢林が広範囲に広がり、皮肉にも大規模な山火事が起こる下地ができあがってしまった。案の定、一九八八年にイエローストーン国立公園で大規模な山火事が起きた。森林の「場の多様性」を人間が封じ込めたことによる反動とみられている。

無計画な「場の多様性」は脆い

では、場の多様性はつねに肯定されるべきかというと、そうでもない。たとえば、人間が平野部の雑木林をどんどん伐採して、その周囲に宅地や工場、空き地、公園を作った場合を考えよう。都市近郊ではよく目にする光景である。これは、たしかに場の多様性は高いと言えるかもしれないが、生物に満ちあふれた世界とは言い難いし、自然の恵みをもたらしてくれるとも思えない。

世界中どこにでも見られる外来植物、捨てられた猫、ごみを食べて増えたハシブトガラスなどが幅を利かせる世界である。もとの生態系を壊して、人間が無計画に創りだした「場の多様性」は、無意味であり有害でさえある。気の遠くなるような長い年月をかけて形成された自然の場の多様性を、うまく利用した「里山の景観」とは似て非なるものである。

種の多様性にしろ、場の多様性にしろ、歴史性のないものは、おおむね不安定であり、外圧によって崩れやすいシステムといえる。なにしろ、歴史がもつ膨大な時間は、さまざまな思考錯誤の積み重ねを通じて、今日見られる永続性のある多様性を創り出してきたのだから。

多様性の共通原理

生物多様性への思い

私は子供のころ、田舎の生き物博士だった。チョウ採りに明け暮れていたことも一因だが、家に図鑑類がたくさんあったことが大きな理由だと思う。当時刊行が始まった保育社の図鑑シリーズもあったし、北隆館の大図鑑類もあった。

父はチョウを昔から集めていたが、それ以外の生物にはあまり興味がなかったようだ。だが、図鑑を集めることが半ば趣味で、母にときどき小言を言われていたのを覚えている。私はチョウ以外にも鳥や哺乳類などの図鑑も好きで、とくに哺乳類は自分用に一冊同じものを買ってもらい、図鑑に出ていた世界の哺乳類の名前はほとんど暗記していた。特徴のある人の顔を見ると、反射的に動物の名前が浮かぶことがよくあった。いや、いまでも。

だから、生物多様性がなぜ大切か、と個人的に問われれば、「自分の生きがいだから」と答えるだろう。じつは、私は直腸がんを患った。それが発覚した日の夜は、何を考えてもがんのことに思いが引き戻されて、なかなか寝つけなかった。だが、いろいろな人のホームページに載っているチョウの生態写真を見始めると、すっと引き込まれるように雑念が消え、なんとも穏やかな気持ちになれた。癒されるという感覚とは少し違い、写真の背景にあるさまざまな光景や事柄に思いをはせるうちに、悩んでも詮方ないことで悩むのはやめよう、と思えたのである。

しかし、私のような人間はたぶん少数派である。生物多様性がなぜ大切かを多くの人に納得してもらうには、行きつくところ、多様性はなぜ必要かという論理を分かりやすく伝える以外になさそうである。これまでもそうした話題に随所で触れてきたが、ここではいったん生物を離れて、もう少し普遍的な論理を考えよう。

多様性が支える社会と経済

株式への投資は、資本主義社会の合法的な博打と言ってもよい。得をするときもあれば損もする。登り調子の株に大金を懸けてもよいが、昨今の情勢からすると、いつ何時下落するかわからない。すこし毛色が違う株式に小分けで投資すれば、大儲けはできないが、無一文になることもないはずだ。リスク分散は、長期的観点から安全で効率的な運用を行うための常套手段であるが、単純に種類を増やせばよいわけではない。変動のパターンが異なるものを選ぶことが肝心である。たとえば、成長株を中心とするファンドと、それと相関が低い商品先物を合わせれば安全性が高まり、多様性のありがたみは増す。

二〇〇八年に起きたアメリカのリーマン・ブラザーズの破たんは、世界中に金融危機をもたらした。しかし、スイスではその影響は比較的小規模だったようだ。その理由は、WIR[★17]という国内限定の代替通貨があり、それが緩衝剤の役割を果たしたからだ。これは二〇世紀初頭の世界大恐慌の経験を生かして作られたもので、スイス企業の多くがネットワークに参画している。景気が上向きな時期にはスイスフランが活発に使われるが、後退期にはWIRを介した取引が増え、売り上げ減少や失業率の増加を緩和しているという。世界経済からある程度切り離されているために、リスクが蔓延しにくいからである。まさに、応答の多様性がもたらすセーフティネットである。

エネルギー政策にも多様性を

エネルギーや食糧の確保についても同じことがいえる。特定の資源にのみ頼っていると、紛争、大災害、飢饉など不測の事態が起こると大打撃を受ける。いま、日本にとって喫緊の課題の一つは、電力のベストミックスを探ることである。原発は一度事が起きた場合のリスクがあまりに甚大なので、そもそも選択肢に入れないほうがよいが、それ以外のエネルギー源をどのように組み合わせるかは、国の基本方針としてきわめて重要である。

野球のチームでも似たことがいえる。四番バッターばかりを集めたチームは、調子がよい時は二桁得点で圧勝するが、いったん歯車が狂うと完封負けもする。バントやエンドランなどの小技ができる器用な選手がいれば、最少得点は稼げる可能性は高い。

以上の事例は、多様なハナバチの群集が作物生産の安定性を高めたり、多様な下層植物が土壌の保全に役立ったり（本章「生物の多様性は」なぜ必要かⅠ）ということと原理的にまったく同じである。先が読みにくく、将来の不確実性が高い時代にこそ、多様性の効果がいかんなく発揮される。サンゴ礁のアカククリなどは、平常時にはまったく想像もつかないような大仕事をするのだから。

多様性が「一様性」に勝るには――

だが、多様性は無条件で良いことなのだろうか？　多様性は混沌を招いたり、決められない政治を招いたりすることは周知のとおりである。じつは、多様性にもいろいろなタイプがある。「観点（視点）の多様性」もあれば、人種や民族、宗教のような「アイデンティティの多様性」もある。もっと単純な個人の「好みの多様性」もあるだろう。それらは相互に関連する場合もあるが、基本的には分けて考えられる。

ここに複雑系の科学者による面白い研究結果がある。問題解決において、「多様性」が能力に優れた「一様性」に勝るためには、いくつかの条件が必要だという。（1）解決すべき問題が難しいこと、（2）集団の「観点」が多様であること、（3）その集団は、大きな母集団から選ばれていること、（4）最終目的が共通していること、などである。

具体例を考えてみよう。同じ規格の精巧な製品を大量に作ることが目的なら、手先の器用な人を集めればよい。常勝の綱引きチームを作るにも、力が強くて体重のある人を集めればよい。これらの課題は単純で易しいから、器用エリートや力自慢エリートを集めれば十分で、観点の多様性などは必要ない。強い野球チームを作る場合には、もう少し多様な人材が必要になるが、それでも観点の多様性は最小限でよいだろう。

観点の多様性は「文殊の知恵」

いっぽうで、高齢化社会を迎えて今後の税制をどのように構築すべきか、どのような電力のベストミックスを設計すればよいのか、難病をどのように治療したらよいのか、といった真に難しい問題に直面した時には、相当に多様な観点が必要である。さまざまな利害対立の解消、複雑な波及効果の予測、新たな技術革新などが必要とされるからである。

また、多様な集団が「三人寄れば文殊の知恵」となるか、はたまた「船頭多くして船山に登る」となるかは、肝心な共通目標が合致しているかどうかにかかっている。合致していれば、観点の多様性は文殊の知恵を生みだすだろう。だが、好みの多様性やアイデンティティの多様性は、しばしば共通目標の設定を阻害し、対立を生む原因ともなる。つまり、観点の多様性がないままで好みの多様性だけがある場合、問題解決に対して無力で、社会学者や政治学者が使うところの「衆愚」[★18]となってしまう。

だが、好みやアイデンティティの違いは、往々にして観点の多様性の基盤ともなっている。だから、それらをうまく取り扱えば恩恵を生む可能性がある。

1＋1＞2になる多様性の相乗効果

さらに注目すべき点は、真に難しい問題を解決するには、多様な観点が相互に補完しあうだけでは不十分なことである。単なる補完では、革新的な問題解決には至らないからだ。新しい道を切り拓くには、異なる観点をもった人間どうしの相乗効果が必要である。たとえば、ある人の向上が、別の人の向上を引き出すような関係である。多様な人がかかわりあいをもつことで、全体として1＋1＞2の効果をもたらすことこそが肝心である。

前述した害虫と天敵、ただの虫の関係を思い起こしてもらいたい。天敵は単独では害虫を封じ込めることは、原理的に難しい。だが、ただの虫が常時発生していると、天敵は数を増すことができ、結果として害虫を抑え込むことが可能になる。これは、単なる相補的な足し算の効果ではなく、両者が揃って発揮される相乗効果である。多様性の相乗効果が、自然の恵みにどの程度貢献しているのか、まだ科学的に証明された例はわずかしかない。しかし、自然界に種間の共生関係が広くみられることからすれば、それはかなり普遍的に起きていると思われる。

「生物多様性」という傑作

混沌とした多様性はマイナスだが、適度な多様性は持続性を高め、私たちにさまざまな恩恵をもたらすことがわかった。では、自然界の生物多様性もやはり適度のレベルがよく、高すぎると不都合が生じるのだろうか?

数学的な解析によれば、ランダムにいろいろな種をかき集めた集団は、生態系の不安定性をもたらすという。だが、私たちの経験上、多様な種から構成されている生態系は頑強である。単一種から構成されている植林地や農地は、自然災害や病虫害を受けやすいのは周知のとおりである。また、種の多様性が高い生態系が、何らかのリスクが高いという話は聞いたことがない。なぜだろうか?

私は、これには長年の歴史が関与していると思っている。自然界の生物多様性は、想像を超えるような長い年月を経て、試行錯誤の末に形成された傑作のようなものである。一時的には、多様性が高すぎる時期があったかもしれないが、うまく修正されてきたにちがいない。今日私たちが見る自然界の生物多様性は、少なくとも長期的にみて高すぎるということはないだろう。もちろん、今後地球環境が大きく変われば、種の数は増えも減りもするはずだ。だが、それでも人間が適度の種を絶滅させた方がよいという状況は生じないだろう。もともと自然にはバランスの力学、つまり調整力が働いているからである。

効率重視の一様な社会の終焉

自然がもともと変化するスピードに比べ、現代の人間社会はものすごいスピードで動いてきた。だから自然もそれに影響されて異常な速さで変化し続けている。資源に制限がない右肩上がりの時代、私たちはあまり難しいことを考える必要はなかった。いわゆる効率重視の一様な社会でもよかっただろう。学歴社会や終身雇用はその表れでもある。

だが、いまは時代がまったく変わった。人間社会のしくみや考え方が、自らが引き起こした環境変化の大きさに対応できなくなってきている。もちろん社会もそれに気づき始めている。企業はさまざまな経歴の人材を採るようになり、学歴より人間力を見抜こうと必死で面接を繰り返している。将来の見通しが難しい現在、観点の多様な集団は、さまざまな難問の解決に大きな力を発揮し、社会的なイノベーションを導く潜在性を秘めている。

生物多様性を救う人間の多様性

第六の大量絶滅の時代に際し、私たちは何をどう考えたらよいのだろうか。種の絶滅をくい止めるという応急処置は確かに重要だが、もう少し根本的な見方が必要である。

まず生物の多様性がもたらす多種多様な恩恵を浪費するのではなく、いかに上手に引き出し、子々孫々に至るまで享受していくかという、共通目標を掲げることが必要である。その科学的な論拠は、本書のなかで随所に述べてきたつもりである。

次にそれを実現するには、さまざまな知恵をもちより、新しい社会のしくみを作る必要がある。環境や生物多様性に配慮した農林水産業に対する認証制度や、環境保全のための課税はその一例だが、もっと良いアイディアもあるだろう。そのためには、社会のレベルでも個人のレベルでも、少し深い考え方のできる多様な人材を育てることが急務である。人と違った着想のできる人材はもちろん、同じ目標を共有している限り、少しクレージーなほどユニークな人もいたほうがよい（いつ役に立つかわからないが）。同時に、視野が広くバランスのとれた人材は確実に必要だ。そうした多様な人材が切磋琢磨することで、第六の大量絶滅をいかに克服するかという、たいへんな難題に対処できるようになるに違いない。

生物多様性の未来も、私たちの持続可能な社会も、人間の観点の多様性に委ねられているのである。

あとがき／用語解説／参考文献／索引

この本は少し大げさにいうと、生物と自然環境の歴史書であり診断書である。とくに生物多様性が置かれた現状を、生物同士の、そして人間と生物との関係性をベースに、しくみ論から紐解き、なぜいまの状態があるのか、そして問題解決のためにどんな知恵が必要かを論じた科学エッセイである。登場する生き物も課題も多様であるが、じつはその根底にあるしくみは意外に共通している。そんなところに面白みがあり、人を納得させる力があるのだと思う。

また本書では、考え方の解説や事実の羅列ではなく、自分の原体験や研究史を盛り込んで話を展開してきた。科学は、よく地道な事実の積み重ねが重要だと言われる。それは間違いではないが、それだけでは不十分だと思う。「まっとうな主観」、すなわち経験に基づいた仮説が謎解きの道を拓き、問題解決の道を探る力になるはずだ。もちろん、まっとうかどうかは、他者の判断にゆだねることになるのだが。

本書は一般読者を想定したものなので、やや難しい内容であっても写真や絵、そして文章中の比喩で説明するように努め、専門的なにおいのする図や表はほとんど使っていない。比喩は表面的な類似性ではなく、基本原理が同じものを選んだつもりである。物理学から歴史上の人物まで登場させたのはそのためである。

工作舎から生物多様性に関する執筆のお誘いを受けたのは、もう五年近くも前になる。メーテルリンクの翻訳本『ガラス蜘蛛』に記したコメント文が割合受けがよかったかららしい。その時は別の本などで手一杯だったので延び延びになってしまった。だが、いまのほうが自分のなかでの蓄積が格段に増えているので、むしろよかったと思っている。編集を通して終始お世話になった田辺澄江さんには、静かな言葉のなかにいろいろ感じ取るものがあった。ここに感謝の意を表したい。

この本は他にも多くの方のお世話になった。まず私の知り合いや親族から数々の美しくインパクトのある写真をいただいた。本文中に撮影者の氏名はすべて記されているので、ここで列挙するのは省略させていただく。また事例の紹介では、学生らと共同で進めてきた研究成果を随所に盛り込んだ。いまの私があるのは、一五年以上にわたる彼らとの思い出深い研究がベースとなっているのは間違いない。最後に、一般読者の立場から通読してコメントいただいた宮下裕美子さんと、資料を整えてくださった渡邊彰子さんにお礼を申し上げる。

二〇一四年一月　　宮下　直

用語解説……［★01→18は本文行間の★番号と対応］

★01――【大量絶滅】

過去五億年の間に起こったと考えられる大規模な生物の絶滅イベント。五回の大量絶滅があったとされている。過去最大の絶滅は古生代のペルム紀に起きたもので、三葉虫をはじめ、全生物の九〇―九五パーセントが絶滅したと推定されている。原因ははっきりしないが、大規模な火山活動による酸素濃度の低下ではないかと考えられている。白亜紀末に起きた恐竜の絶滅はもっとも最近のものである。巨大隕石が地球に衝突し、火災と粉塵で太陽光が遮られ、気温低下などで絶滅が起きたらしい。現在は、人類による第六の大量絶滅が起きていると考えられている。化石記録の数百倍のスピードで絶滅が起きていると見積もられているからである。

★02――【iPS細胞】

人工多能性幹細胞、つまり非常に多種類の細胞に分化できる能力をもった、人工的に作られた万能細胞である。"Induced Pluripotent Stem Cells" の頭文字をとっている。二〇〇六年に山中伸弥教授らのグループが、マウスの皮膚細胞から世界で初めて作ったもので、その発見により二〇一二年にノーベル生理学・医学賞を受賞した。最初の頭文字が小文字なのは、当時大流行していた携帯音楽プレーヤーのiPodに模してつけられたため。分化前の胚の細胞ではなく、分化した後の体細胞から、体を構成するあらゆる臓器に再度分化させることができる点が優れている。拒絶反応のない組織や臓器の作製とその移植への道を切り拓いたものであり、臨床応用にむけた無限の可能性を秘めている。

★03——**【突然変異】**

塩基配列が変わるなどして遺伝情報が変化すること。その多くは、DNAが複製される時に起こるミスによるが、放射線や熱などの物理刺激や、化学物質による刺激でも起こる。がん細胞は、通常細胞が突然変異したものである。体細胞のなかで突然変異が起きても次世代には影響しないが、卵や精子を形成する生殖細胞で突然変異が起こると、変異は次世代に伝わり、生物の進化に影響力を持つことがある。ただし、突然変異がすべて表現型とよばれる「形質」に影響するわけではなく、また生物にとって有利でも不利でもない突然変異も多数存在する。なお、突然変異は英語でmutationであるが、これは変化を意味するラテン語に由来し、「突然」という意味は含まれていない。

★04——**【自然選択】**

イギリスの生物学者、チャールズ・ダーウィンが提唱した生物進化に関するしくみ。繁殖や生存に有利な遺伝子が、世代を経るにつれて集団の中で広まっていくこと。集団中に遺伝的な違い(変異)がみられ、それが繁殖や生存能力の違いをもたらす原因となっていれば、自然選択は自動的に起こる。自然淘汰ともよばれている。たとえば、ランの花にそっくりのハナカマキリがどのように進化したかを説明してみよう。まず、ランの花の色に似たカマキリがたまたま突然変異で誕生したとしよう。このカマキリはランの花で餌を待ち伏せしていると、普通の緑色や茶色のカマキリよりも目立たない。だから天敵に襲われることはないし、餌もたくさん採ることができる。結果として、生存率も産卵数も増えるので、この遺伝子をもったカマキリが集団中で増えていき、やがてすべてがランの花そっくりの個体になる。

★05——【細胞内共生】

細胞内にあるミトコンドリアや葉緑体の起源は、それぞれ好気性の細菌とシアノバクテリアであり、現在では宿主の細胞との間に切っても切れない共生関係を築きあげている現象。一九六七年にアメリカのリン・マーギュリスがこの説を提唱した。ミトコンドリアも葉緑体も体細胞にある核の遺伝子とはまったく別の遺伝子をもち、ミトコンドリアは好気性細菌と、葉緑体はシアノバクテリアと近い遺伝子をもっている。動物も植物もミトコンドリアがないと呼吸ができないし、植物は葉緑体がないと光合成ができない。

★06——【里山】

人間が利用してきた雑木林と、それに隣接する水田、ため池、用水路、草地などからなる複合的な生態系。農林業などに伴う人間の働きかけで維持されてきた伝統的な景観である。高度経済成長期以降の現代社会は、自然の破壊と一方的な搾取のうえに成り立ってきた。だが、長期的な持続性を保障する「循環型社会」を拓くうえで、里山で培われてきた自然の循環に適合した各種の営みは参考になる点が多い。海外でも里山に類似した環境はみられ、持続可能な生態系の維持に重要と考えられているが、希少種をはじめとした生物多様性の保全にどの程度貢献できるかは、まだ不明な点も多い。なお、「里地・里山」という用語もあるが、これは低地の集落や水田地帯までも含めたやや広い概念である。

★07——【レッドデータブック】

絶滅の恐れのある野生生物の種をリストアップし、それらの生息状況や危機の原因まで含めた冊子をいう。ＩＵＣＮ（国際自然保護連合）が中心となって作成した世界レベルのものが出発点となり、いまでは国レベルはもちろん、地方自治体でも作成が進んでいる。IUCNが定めた基準は、絶滅の危険性が高い順に「絶滅危惧IA類」、「絶滅危惧IB類」、「絶滅危惧II類」に区分けされる。判断の基準としては、絶滅リスクの大きさ、個体数や生息面積の減少率などの定量基準もあれば、「生息地の減少が著しい」などの定性基準もある。なお、「レッド」は赤信号を意味している。

★08――**【世界自然遺産】**
ユネスコ(国連の一機構)が世界遺産条約に基づいて定めるもので、人類にとって共通の価値をもった自然を国際協力によって保護することを目的としている。登録にはいくつかの基準があり、❶自然美、❷地形・地質の生成過程の見本、❸生態系・生態学的な生成過程の見本、❹生物多様性の保全上の重要性、が挙げられる。さらに、保護を担保する条件として、十分な面積を有していることや、開発や管理放棄による影響を受けていないことが必要とされ、登録へのハードルは決して低いとは言えない。日本では、屋久島、白神山地、知床、小笠原諸島の四地域が指定されている。

★09――**【耕作放棄地】**
農作物の作付けが放棄された農地。日本の場合、農業の後継者不足や米の減反政策が主たる原因となっている。ここ二〇年で耕作放棄地は急激に増加し、いまでは埼玉県の面積に匹敵するほどになっている。耕作が放棄されると雑草や灌木が旺盛に繁茂し、やがて森林に移行していくことも多い。だから湿地性や草地性の生物は激減する。また、最近では耕作放棄地がイノシシなどの野生動物を増やす温床になっていることも分かってきている。

★10——【生物多様性国家戦略】
生物多様性の保全と持続可能な利用に関する基本計画であり、環境省主導で策定される。一九九二年にブラジルのリオデジャネイロで開かれた地球サミット（国際環境開発会議）で採択された「生物多様性条約」に基づいている。日本では、一九九五年の最初の策定以来、二〇〇二年、二〇〇七年、二〇一〇年、二〇一二年と四度の改訂が行われてきた。最新の国家戦略二〇一二―二〇二〇では、生物多様性条約第一〇回締約国会議（COP10：二〇一〇年に名古屋市で開催）で採択された「自然と共生する世界」（愛知目標）の達成にむけたロードマップが示されている。

★11——【生態系エンジニア】
ある生物の活動や存在が周囲の物理的な環境を変化させ、それが他の生物の棲み場所や食物条件を改変させること。平たく言うと、生物の環境改変効果である。樹木やサンゴは、森林やサンゴ礁に複雑な立体構造を造りだし、さまざまな生物の棲み家を提供している。また樹木は強い直射日光を遮って木陰をつくり、林内の気温や湿度をマイルドにしている。ビーバーは川辺の樹を切り倒してダムを造り、魚や水生昆虫の新たな棲み家を造りだしている。ミミズは土の中を動き回ることで、土中の養分を撹拌し、柔らかい土を造る役割を果たしている。

★12——【安定同位体】
同じ原子番号をもつ元素のなかで、原子の重さ（質量数）が異なるものがある。たとえば、炭素には質量数が一二と一四のものがあるが、こうした変異を同位体とよぶ。この違いは、原子の中にある中性子の数の違いを反映している。また同位体のうち、時間とともに放射線を出して崩壊するものを放射性同位体、そうでないものを安定同位体という。生物の体組織に含まれる炭素の安定同位体は圧倒的に一二が多いが、一四も微量に含まれている。安定同位体の比率を調べることで、その生物が主に何を食べているかを推定することもできる。たとえば、水生のプランクトンと陸上植物では、体の組織をつくる炭素の安定同位体の比率が異なる。だから、水中の魚やザリガニの体組織を採って安定同位体の比率を調べれば、陸域と水域のどちらの餌に強く依存しているか推定することができる。

★13——**【ラムサール条約】**

湿地に棲む動植物、とくに水鳥の生息地として国際的に重要な湿地の保全に関する条約。一九七一年にイランの都市、ラムサールで条約が採択されたことに因む。ここでの湿地には、天然のものだけでなく人工物（ため池や水田など）も含まれる。この条約では、狭義の「保護区」の発想ではなく、地域の人々の生業や生活とバランスのとれた保全、すなわち「賢い利用（ワイズユース）」を提唱している。日本では二〇一二年八月時点で四六か所が指定されている。

★14——**【IUCN（国際自然保護連合）】**

一九四八年に設立された国際的な組織（社団法人）で、野生生物の保護や自然資源の保全に関する各種活動を行っている。英名は"International Union for Conservation of Nature and Natural Resources"で、その頭文字をとっている。各国の政府や法人、個人が加盟していて、本部はスイスにある。絶滅の恐れのある生物をリストアップしたレッドリストを編纂するほか、世界自然遺産の候補地の評価、野生動物の国際取引に関する情報の提供などを行っている。国連総会でのオブザーバーの資格も得ている。

★15――【ビオトープ】
もともと生物の群集が生息する空間（生息地）をそうよんでいたが、現在では人間が野生生物のために意図してつくりだした小空間をさしている。校庭や都市公園につくられた池、一年中水を貯めて稲をつくらない水田などはその典型例であり、トンボや両生類、水生植物に棲み家を提供することを目的にしている。失われた自然の復元や、環境教育だけでなく、希少種の生息地としての役割も期待されている。最近では、環境保全型農業の一環としてビオトープの設置が行われていることも多い。

★16――【環境保全型の農業】
殺虫剤や除草剤などの農薬や、工場で人工的に作られた化学肥料の使用を減らし、環境負荷を軽減することを目的とした農業。人間にとっての食の安全安心だけでなく、農地に棲むさまざまな生物の保全にも寄与できる。冬に田んぼに水を張る「冬季湛水」や、水路から田んぼに魚が遡上できる「魚道」の設置も、広い意味で環境保全型の農業に含められる。日本各地で行われているが、特に新潟県佐渡市、兵庫県豊岡市、宮城県大崎市は有名で、それぞれトキ、コウノトリ、ガンが環境保全型農業のシンボルとなっている。

★17――【WIR】
一九二九年に起きた世界大恐慌の後にスイスで誕生したスイス・フランに対する代替通貨（電子紙幣）。ドイツ語で経済循環を意味する“Wirtshaftsring”の略である。銀行の倒産や失業者があふれるなか、一九三四年に一六人の実業家が自ら立ち上げた新たな銀行組織で代替通貨を発行するようになった。いまではスイス企業の三分の一にまで浸透している。WIRによる負債は、会員間の交換取引による売り上げや、スイス・フランによる支払いで弁済される。景気後退局面では、WIRを介した取引が拡大し、売り上げの減少や損失の影響を緩和している。

★18――**【衆愚】**
知的訓練が不十分で、適切な判断力の備わっていない民衆が意思決定に参加することで、社会全体が非合理的で誤った方向へ進むさまをいう。利己的な欲求、刹那的な感情、課題の先延ばし、などが過程として含まれる。古代ギリシャの堕落した民主政治が、衆愚政治の発端とされる。現在でも民主政治の負の側面として、しばしば衆愚が取り上げられる。近代国家の多くが、直接民主制ではなく間接民主制を採用しているのは、衆愚政治を避けるためである。衆愚の論理は一方で、権力者による独裁的な政治を正当化する道具として使われることもある。

Ecol.11, 594−602, 2010.

【保護区】

▶松本むしの会『信州の昆虫：ガイドブック』1982 松本むしの会編

▶吉田正人『世界自然遺産と生物保全』2012 知人書館

▶Laumonier, Y. Uryu, Y. Stuwe, M. Budiman, A. Setiabudi, B. Hadian, O.：Eco−floristic sectors and deforestation threats in Sumatra：identifying new conservation area network priorities for ecosystem−based land use planning. Biodivers Conserv.19, 1153−1174, 2010.

【システム論】

▶ゾッリ A・ヒリー, AM（須川綾子訳）『レジリエンス復活力−あらゆるシステムの破綻と回復を分けるものは何か』2013 ダイヤモンド社

▶ペイジ, S（水谷 淳訳）『「多様な意見」はなぜ正しいのか——衆愚が集合知に変わるとき』2009 日経BP社

▶Watari.Y, Nishijima, S. Fukasawa, M. Yamada, F. Abe, S. Miyashita, T.：Evaluating the "recovery level" of endangered species without prior information before alien invasion. Ecol Evol. 3, 4711–4721, 2013.

【草地生態系】

▶上郷史編集委員会『上郷史』1978 上郷史刊行会
▶江田慧子・中村寛志「長野県安曇野における野焼きがメアカタマゴバチによるオオルリシジミ卵への寄生に及ぼす影響について」『環動昆21』93–98頁 2010 日本環境動物昆虫学会
▶須賀 丈・岡本 透・丑丸敦史『日本列島草原1万年の旅　草地と日本人』2010 築地書館
▶野田公夫・守山 弘・高橋佳孝・九鬼康彰『里山・遊林農地を生かす』2011 農山漁村文化協会

【生態系サービス】

▶宮下 直「生物連鎖と腐食連鎖の結合した食物網と害虫管理」2009『生物間相互作用と害虫管理』(安田弘法・城所 隆・田中幸一編) 115–133頁　京都大学学術出版会
▶宮下 直・井鷺裕司・千葉 聡『生物多様性と生態学–遺伝子・種・生態系』2012 朝倉書店
▶宮下 直「私たちを取り巻く環境」2013『農学入門：食料・生命・環境科学の魅力』安田弘法、中村宗一郎、太田寛行、橘　勝康、生源寺眞一編 305–334頁 養賢堂
▶Bellwodd, D. Hughes,P. Hoey, A.：Sleeping functional group drives coral–reef recovery. Cur Biol. 16, 2434–2439, 2006.
▶Taki, H. Okabe, K. Yamaura, Y. Matsuura, T. Sueyoshi, M. Makino, S. Maeto, K.：Effects of landscape metrics on Apis and non–Apis pollinators and seed set in common buckwheat. Basic Appl

参考文献

【基礎生物学】

▶石川 統・二河成男編『環境と生物進化』2006 放送大学大学院文化科学研究科

▶シュルーター, D(森 誠一・北野 潤訳)『適応放散の生態学』2012 京都大学学術出版会

▶ブルネッタ, L・クレイグ, CL（三井恵津子訳・宮下 直監修)『クモはなぜ糸をつくるのか？——糸と進化し続けた四億年』2013 丸善出版社

▶松村松年・平山修次郎『原色千種昆蟲図譜』1933 三省堂

▶宮下 直・井鷺裕司・千葉 聡『生物多様性と生態学——遺伝子・種・生態系』2012 朝倉書店

【野生動物・外来種】

▶青木更吉『小金原を歩く：将軍鹿狩りと水戸家鷹狩り』2010 崙書房

▶ウォーカー, B(浜　健二訳)『絶滅した日本のオオカミ』2009 北海道大学出版会

▶鈴木克哉「なぜ害獣対策はうまくいかないのか」2013『なぜ環境保全はうまくいかないのか——現場から考える「順応的ガバナンス」の可能性』(宮内泰介編) 48−75頁　新泉社

▶西川 潮・宮下 直編『外来生物——生物多様性と人間社会への影響』2011 裳華房

▶宮下 直「地上と土壌の相互作用——食物網、物質循環、物理的環境改変を結ぶ」2008『生態系と群集をむすぶ』(大串隆之・近藤倫生・仲岡雅裕編) 67−90頁　京都大学学術出版会

▶Miyashita, T. Suzuki, M. Ando, D. Fujita, G. Ochiai, K. Asada, M.：Forest edge creates small−scale variation in reproductive rate of sika deer. Popul Ecol.50, 111−120, 2008.

【事項】

索引

【生物名】

◉著者紹介

宮下直（みやした・ただし）
一九六一年、長野県飯田市生まれ。子供のころから「生き物博士」といわれるほど、伊那谷に棲む昆虫や鳥類、クモ類など、自然の小動物に親しんできた。
一九八五年、東京大学大学院農学系研究科修士課程修了。現在、東京大学大学院農学生命科学研究科、生圏システム学専攻教授（農学博士）。二〇一二年には日本蜘蛛学会会長に就任。フィールドワークを通して生態学、保全生物学を探究する。
編著書に『クモの生物学』、『群集生態学』（共に東京大学出版会 二〇〇〇／二〇〇三）、『なぜ地球の生きものを守るのか』（文一総合出版 二〇一〇）、『外来生物：生物多様性と人間社会への影響』（裳華房 二〇一一）、『生物多様性と生態学』（朝倉書店 二〇一二）ほか、訳書にP・ヒルヤード『クモ・ウォッチング』（平凡社 一九九五）などがある。

◉本書に収録し、本文中に記載のない写真クレジット一覧
口絵カラーiii／057／061下／075／179下（以上、PHOTOLIBRARYより）
049上：ryopho、下：こたろ／071下：kamchatka／085下：tomato54／167greensnail／179上：らんぱち（以上、PIXTAより）

生物多様性のしくみを解く——第六の大量絶滅期の淵から

発行日——二〇一四年四月一〇日
著者——宮下　直
編集——田辺澄江
エディトリアル・デザイン——宮城安総
印刷製本——株式会社　精興社
発行者——十川治江
発行——工作舎　editorial corporation for human becoming
〒169-0072 東京都新宿区大久保2-4-12 新宿ラムダックスビル12F
phone 03-5155-8940　fax 03-5155-8941
url: http://www.kousakusha.co.jp　e-mail : saturn@kousakusha.co.jp
ISBN978-4-87502-456-9

好評発売中◉工作舎の本

蜜蜂の生活 改訂版

◆M・メーテルリンク　山下知夫＋橋本 綱＝訳
『青い鳥』の詩人の、博物神秘学者の面目躍如となった昆虫3部作の第一弾。蜜蜂の生態を克明に観察し、その社会を統率している「巣の精神」に地球の未来を読みとる。
●四六判上製●296頁●定価　本体2200円＋税

白蟻の生活 改訂版

◆M・メーテルリンク　尾崎和郎＝訳
人間の出現に先行すること1億年の白蟻の文明を観察し、強靱な生命力、コロニーの繁栄、無限の存続に「未知の現実」をかいま見る。『青い鳥』の著者による博物文学の傑作。
●四六判上製●188頁●定価　本体1800円＋税

蟻の生活 改訂版

◆M・メーテルリンク　田中義廣＝訳
昆虫3部作の完結編。蟻たちが繰り広げる光景は、人間の認識を超えていた！　劇作家・別役実が「生命の神秘に迫る智慧の書である」と絶賛した。
●四六判上製●196頁●定価　本体1900円＋税

花の知恵

◆M・メーテルリンク　高尾 歩＝訳
花々が生きるためのドラマには、ダンスあり、発明あり、悲劇あり。大地に根づくという不動の運命に、激しくも美しい抵抗を繰り広げる。植物の未知なる素顔をまとめた美しいエッセイ。
●四六判上製●148頁●定価　本体1600円＋税

ガラス蜘蛛

◆M・メーテルリンク　高尾 歩＝訳　杉本秀太郎＝解説
不思議な空気のアンプルに守られて、快適な釣鐘型の家に暮らすミズグモ。その生態を通して、生命や知性の源・継承へ思いをめぐらす。最後のエッセイ「青い泡」も収録。
●四六判上製　●144頁　●定価　本体1800円＋税

動物たちの生きる知恵

◆ヘルムート・トリブッチ　渡辺 正＝訳
ロータリーエンジンの考案者バクテリア、ハキリバチが作るモルタルの育児室、白蟻の空調システムつきの砦など、生き物たちの暮らしぶりが語る、環境にやさしい先端技術へのヒント。
●四六判上製●322頁●定価　本体2600円＋税